珍藏本·增订本

纪念版

汉译世界学术名著丛书

计算机与人脑

〔美〕约翰·冯·诺伊曼 著

王文浩 译

商务印书馆
SINCE 1897
The Commercial Press

John von Neumann

THE COMPUTER AND THE BRAIN

根据美国耶鲁大学出版社 1958 年版译出

汉译世界学术名著丛书
（120年纪念版·珍藏本）
增订本出版说明

2017年10月，为纪念商务印书馆创立120周年，本馆推出"汉译世界学术名著丛书"（120年纪念版·珍藏本），计七百种。近五六年来，仰赖学界同人倾力支持，订正旧译，增补新译，拓展新著，积累日多。为满足读者需要，本馆在七百种的基础上，继续推出"汉译世界学术名著丛书"（120年纪念版·珍藏本·增订本）三百种。至此，"汉译世界学术名著丛书"累计出版已达千种。

今后，本馆将继续推进丛书的翻译出版工作，在积累单本名著的基础上陆续分辑刊行，汇印出版。为促进中外文明互鉴，推动我国学术发展，使"汉译世界学术名著丛书"这项对我国学术文化有基本建设意义的重大工程发挥更大作用，诚望海内外学术界、翻译界继续给予支持，帮助我们把这套丛书出得更好。

商务印书馆编辑部

2024年2月

汉译世界学术名著丛书
（120年纪念版·珍藏本）
出 版 说 明

2017年2月11日，商务印书馆迎来120岁的生日。120年前，商务印书馆前贤怀揣文化救国的理想，抱持“昌明教育，开启民智”的使命，立足本土，放眼寰宇，以出版为津梁，沟通中西，为中国、为世界提供最富智慧的思想文化成果。无论世事白云苍狗，潮流左右激荡，甚至战火硝烟弥漫，始终践行学术报国之志，无改初心。

迻译世界各国学术名著，即其一端。早在20世纪初年便出版《原富》《天演论》等影响至今的代表性著作，1950年代后更致力于外国哲学和社会科学经典的译介，及至1980年代，辑为“汉译世界学术名著丛书”，汇涓为流，蔚为大观。丛书自1981年开始出版，历时三十余年，迄今已推出七百种，是我国现代出版史上规模最大、最为重要的学术翻译工程。

丛书所选之书，立场观点不囿于一派，学科领域不限于一门，皆为文明开启以来，各时代、各国家、各民族的思想与文化精粹，代表着人类已经到达过的精神境界。丛书系统译介世界学术经典，引领时代思想，为本土原创学术的发展提供丰富的文化滋养，为推动中国现代学术和现代化进程做出了突出的贡献。

为纪念商务印书馆成立120周年，我们整体推出“汉译世界学术名著丛书”120年纪念版的珍藏本，寄望既利于文化积累，又便于研读查考，同时向长期支持丛书出版的译者、编者和读者致以敬意。

两甲子后的今天，商务印书馆又站在了一个新的历史时间节点上。我们不仅要铭记先辈的身影和足迹，更须让我们的步伐充满新的时代精神。这是商务人代代相传的事业，更是与国家和民族的命运始终紧密相连的事业。我们责无旁贷，必须做好我们这代人的传承与创造，让我们的努力和成果不仅凝聚成民族文化的记忆，还能成为后来人可以接续的事业。唯此，才能不负前贤，无愧来者。

商务印书馆编辑部

2017年10月

目　　录

第一部分　计算机

第二部分 人脑

序　　言

能应邀在西里曼(Silliman)讲座——美国历史上最悠久、最杰出的学术讲座之一——做演讲，被世界各国学者看成是一种优待和荣誉。按照传统，这个讲座要求演讲者给出一系列演讲，持续时间大约是两周，然后将演讲稿整理成一本书，由耶鲁大学资助出版。耶鲁大学是西里曼讲座的组织者和承办者。

1955年年初，我的丈夫约翰·冯·诺伊曼应耶鲁大学之邀计划于1956年春季学期里(即3月下旬或4月上旬)进行西里曼讲座。乔尼[1]对这次邀请深感荣幸和欣慰，尽管他碍于现状不得不提出一个条件：讲座仅限于一周时间。但他为这个讲座所写的讲稿则非常全面地涵盖了他所选定的主题——计算机和大脑。这是他相当长一段时间以来一直感兴趣的主题。缩短讲课时间乃不得已而为之，因为此前艾森豪威尔总统刚刚任命他为国家原子能委员会的成员。这是一项全职工作，它不允许其成员——即使是一位科学家——离开华盛顿的办公桌太长时间。不过，我丈夫知道如何抽出时间来写讲稿，为此他总是在晚上或黎明伏案写作。他的工作能力几乎是无限的，特别是如果他对一个领域感兴趣的话。自动机的各种未得到

① Johnny，冯·诺伊曼名字的爱称。——译者注(本书脚注均为译者所加)

探索的可能性正是他非常感兴趣的这样一个领域，因此他满怀信心，决心准备一份尽可能完整的讲稿，尽管讲课时间有所缩减。耶鲁大学非常体贴和理解，不论是在准备这个讲座的初期，还是后来——当时真的只有忧伤、悲痛和无助——都接受了这一安排。乔尼带着额外的动机在原子能委员会开始了他的新的工作。这个额外的动机就是他将继续他在自动机控制理论方面的工作，尽管这是在私下进行的些微努力。

1955年春天，我们从普林斯顿搬到了华盛顿，乔尼不得不离开高等研究院，自1933年起，他一直在那里担任数学学院的教授。

乔尼于1903年出生在匈牙利的布达佩斯。甚至是在早年，他便显露出在科学问题上的非凡能力和兴趣。作为孩子，他对许多事情有着独特的过目不忘的记忆力。进入大学学习阶段，他先后在柏林大学、苏黎世理工学院和布达佩斯大学学习化学和数学。1927年，他被任命为柏林大学的编外讲师。在过去几十年里，这可能是德国所有大学里被任命担任这一职位的最年轻的学者之一。后来，乔尼在汉堡大学任教，并于1930年第一次跨越大西洋，接受了普林斯顿大学的邀请，在那里做了为期一年的客座讲师。1931年，他成为普林斯顿大学的一名正式在编教员，从此在美国定居，成为一位新世界的公民。在20世纪20年代和30年代，乔尼的科学兴趣十分广泛，而且主要集中在理论领域。他发表的文章包括量子理论、数理逻辑、遍历理论、连续几何、关于算子环的问题以及纯数学领域里的许多其他问题。后来，在30年代后期，他开始对理论流体动力学问题感兴趣，特别是对用已知的分析方法来得到偏微分方程的解时所遇到的巨大困难尤其上心。当战争的阴云笼罩世界时，他义无反顾地投入了国防科学研究工作，由此他对数学和物理的应用领域越发感兴趣。激波的相互作用过程是一个非常复杂的流体动力学问题，当时是国防研究的重要难题之一，需要大量的计算才能得到一些答案，这促使乔尼开始研究如何建立一种能够用于这一目的的高速计算机。乔尼在费城为陆军军械弹道研究实验室建造的 ENIAC①，是他借助于自动机来解决许多尚未解决的问题的巨大可能性的首次尝试。他帮助修改了 ENIAC 的一些数学逻辑设计，并且从那时起，直到他生命垂危的最后清醒时刻，他一直保持着对自动机的快速增长的应用的许多仍未被探索的方面和可能性的兴趣和好奇。

1943 年，曼哈顿工程启动后不久，乔尼成为“消失在西部”的众多科学家之一。他不断往返于华盛顿、洛斯阿拉莫斯和许多其他地方。正是在这一时期，他完全确信，并试图让不同领域的其他人确信，在快速电子计算设备上进行的数值计算将大大促进许多困难的、未解决的科学问题的解决。

战后，乔尼在高等研究院与一小群挑选出来的工程师和数学家一起，建造了一台实验性的电子计算机，即众所周知的“JONIAC②”，最终这台机器成为全国同类机器的试验模型。即使在今天的最快和最现代的计算机上也运用了 JONIAC 上所开发的一些基本原理。为了设计这台机器，乔尼和他的同事们试图模仿人体大脑的一些已

① Electronic Numerical Integrator And Calculator，电子数值积分计算机的首字母缩写。

② John von Neumann Integrator and Automatic Computer，冯·诺伊曼积分器暨自动计算机的首字母缩写。

知的运算。正是这一动机促使他去研究神经学，并在神经学和精神病学领域寻找可合作的人。为此他参加了许多关于这些主题的学术会议，并最终向这些群体做报告，介绍利用人造机器来复制人类大脑的某些极其简单的功能模型的可能性。在西里曼讲座中，这些思想都将得到进一步深化和扩展。

战后几年里，乔尼将他在各领域科学问题的工作做了划分。他开始对气象学表现出特别的兴趣。在气象学中，数值计算明显有助于开辟全新的前景。他还拿出部分时间用来帮助计算不断深入的核物理问题。他一直与原子能委员会下属的实验室保持密切合作，并于 1952 年成为原子能委员会下设的总咨询委员会的成员。

1955 年 3 月 15 日，乔尼宣誓加入原子能委员会。5 月初，我们全家搬到了华盛顿。但 3 个月后的 8 月份，我们活跃而激动的生活——一切以我丈夫不屈不挠的、令人震惊的思想脉络而展开的生活——戛然而止。乔尼左肩出现了严重的疼痛，手术后诊断为骨癌。接下来的几个月里，可以说是希望和绝望交替出现：有时我们相信，肩部的损伤只是这种可怕疾病的单一表现，不会长时间复发；但有时，他所遭受的无法确定的疼痛和痛楚让我们感到未来希望的破灭。在这段时间里，乔尼仍不知疲倦地工作——白天在办公室里或在出差的路上；晚上便埋头于科学论文或白天耽搁下的一些事情，直到他在原子能委员会的任期结束。现在，他开始系统地研究西里曼讲座的讲稿；本书后面所写的大部分内容都是在这种充满不确定性和等待的日子里完成的。11 月下旬，病情出现了恶化：他的脊椎上发现了几处感染，他行走出现了严重的困难。从那时起，一切都变得越来越糟，尽管我们仍抱有一丝希望：经过治疗和护理，致命的疾病可能会被至少遏制一段时间。

到 1956 年 1 月，乔尼只能坐轮椅活动了，但他仍坚持出席会议，他被推到办公室继续写讲稿。他的精力在明显地一天天减弱；所有的旅行和演讲活动都不得不一个接一个地取消，但只有一个例外，那就是西里曼讲座。我们一度希望，通过 X 光治疗，他的脊柱至少能暂时性地支撑到 3 月下旬，以便允许他去纽黑文完成这一对他来说意义重大的心愿。但即便如此，我们仍不得不进一步要求西里曼讲座委员会将讲座减少到最多一到两次，因为按他目前虚弱的情形，整整一周的演讲会带来危险。然而，到了 3 月，所有的希望都破灭了，乔尼再也不能去任何地方旅行了。对此，耶鲁大学一如既往地表现出宽容和理解，校方并没有取消讲座，而是建议如果手稿可以交付，其他人会代他阅读。尽管做了很多努力，但乔尼还是不能按时完成他计划好的演讲稿。最不幸的是，他根本写不完。

4 月初，乔尼被送进沃尔特·里德医院；直到 1957 年 2 月 8 日去世，他再也没能离开医院。西里曼讲座的未完成的手稿他一直带在身边，在医院他又做了几次写作尝试，但那时，疾病已经占了上风，即使乔尼有着非凡的头脑也无法克服身体的疲劳。

请允许我向西里曼讲座委员会、向耶鲁大学和耶鲁大学出版社，表示我深深的感谢。在乔尼生命的最后几年里，所有这些机构表现出如此的宽厚和仁慈，现在又将他的这部未完成的、稍显凌乱的手稿作为“西里曼讲座丛书”予以出版以纪念他。

克拉拉·冯·诺伊曼

1957 年 9 月于华盛顿特区

引　言

由于我既不是神经学家，也不是精神病学家，而是一个数学家，因此下述工作需要做一些解释以说明其正当性。本书是从数学家的观点来理解神经系统的一种方法。但是，这种陈述必须在其两个基本方面立即予以限定。

首先，我将这里所尝试的探讨描述为“理解神经系统的一种方法”有点夸张。这里的处理只不过是对如何采取这种方法的一套稍具系统化的推测。也就是说，我试图根据数学上的引导，来猜测哪些解决问题的路径先验地看是可行的，尽管在距离上我们所看到的东西大部分都模糊不清；哪些路径看起来是背道而驰的。我还将为这些猜测提供一些合理化的论据。

第二，所谓“数学家的观点”，我希望读者能在这样一种语境下来理解它，其着眼点不同于对数学观点的通常理解：这里强调的不是一般的数学技巧，而是其前景中的逻辑和统计方面。不仅如此，逻辑和统计还应被视为“信息论”的主要的——虽然不是唯一的——基本工具。此外，围绕复杂的逻辑和数学自动机的设计、评估和编码而发展起来的经验体系将是这一信息理论的重点。最典型但非唯一的这种自动机当然就是大型电子计算机了。

顺便指出，如果有人能够谈论这种自动机的“理论”，那将是令人非常满意的。遗憾的是，目前的状况——即我能够求助的——还只能是一堆表示上远不完善、几乎谈不上公式化的“经验”。

最后，我的主要目的实际上是要揭示出这个问题的一个非常不同的方面。我猜想，对神经系统进行更深入的数学研究——这里“数学”一词是在上述意义上而言的——会影响我们对所涉数学本身的各方面的理解。事实上，它可能会改变我们看待数学和逻辑的固有方式。稍后我会尽力解释为什么我会有这样一种信念。

第一部分

计算机

我从讨论计算机系统及其实践所基于的一些基本原理开始。

现有的计算机可分为两大类:“模拟的”和“数字的”。这种划分是根据机器运行所用的数在其中的表示方式而产生的。

第 1 章　模拟程序

在模拟机中，每个数都由一个适当的物理量来表示，以某种预先规定的单位测得的该物理量的值，就等于所讨论的这个数。这个量可以是某个圆盘转过的角度，或者是某个电流强度值，或是某个（相对的）电压值，等等。为了使机器能够计算，即能够按照预定的设计来运算这些数，就必须要有功能单元（或部件）能够对这些代表性的量进行数学上的基本运算。

1.1　常规基本运算

这些基本运算通常被理解为“算术的四则运算”：加法（$x+y$）、减法（$x-y$）、乘法（$x \cdot y$）和除法（x/y）。

因此很明显，两个电流的相加或相减并不困难（前者对同向电流合并，后者对反向电流合并）。两个电流的乘法比较困难，但已有各种电气元件可以执行这个运算。电流的相除也是如此。（对于乘法和除法——加法和减法除外——所测电流的单位当然得是相关的。）

1.2 非常规基本运算

一些模拟机的一种相当显著的特性——对此我将不得不对其做进一步的阐述——是做非常规运算。有时，机器是围绕其他“基本”运算而非四则运算而构建的。例如，经典的“微分分析器”就是用某些圆盘转过的角度来表示数，其运算过程如下。它提供的不是加法（$x + y$）或减法（$x - y$），而是（$x \pm y$）/2，因为一种称为“差速齿轮”的简单部件（汽车后轴上所用的就是这种部件）就可以提供这种运算。这里不是做乘法 xy，而是一种完全不同的运算过程：在微分分析器中，所有的量都是以时间的函数的形式出现，其中利用了一个叫作“积分器”的部件，对于两个量 $x(t)$，$y(t)$，它给出（“斯蒂尔切斯”）积分 $z(t)=\int^{t} x(t)\mathrm{d}y(t)$。

这个方案的要点有三个方面：

第一，上述三种运算通过适当的组合，可以再现四种常规基本运算中的三种，即加法、减法和乘法。

第二，上述运算与某种“反馈”技术结合起来，就能产生第四种运算：除法。我将不在这里讨论反馈原理，只想说明一点：反馈除了在这里表现为解决隐式关系的装置的面貌之外，实际上它还是一种特别优美的实现短路迭代和逐次逼近的方法。

第三，这一点也是微分分析器的真正合理性所在：对于广泛的各类问题，它的基本运算（$x \pm y$）/2 和积分要比算术运算（$x + y$，$x - y$，$x \cdot y$ 和 x/y）更经济。更具体地说：任何用于解复杂数学问题的计算机都必须通过“编程”来完成任务。这意味着解这类问题的复杂运算必须由机器基本运算的组合来代替。它经常意味着某种更细致的处理:通过这种组合,可将运算近似到任何期望的(规定的)精度。这样,对于一类给定的问题,一组基本运算可能比另一组运算更有效,即它允许我们采用较简单虽不太广泛的组合。因此,特别是对于全微分方程系统——微分分析器设计的主要功能——机器的上述基本运算比前面提到的算术基本运算($x+y$, $x-y$, $x\cdot y$, x/y)更有效。

接下来,我来介绍数字类机器。

第 2 章　数字程序

在十进制数字计算机中，每个数都是用与传统的书写或打印相同的方法来表示的，即用一个十进制的数字序列来表示的。每个十进制的数都由“记号”系统依次来表示。

2.1　记号及其组合和实例

一种可以用 10 种不同形式来表示的记号，其本身就足以代表一个十进制的数。如果我们用一种只能由两种不同形式来表示的记号来表示一个十进制的数，那么每个十进制的数将对应于一个完整的记号组。(一个由 3 个二值记号构成的组允许有 8 种组合，这用来表示十进制数显然是不够的。一个由 4 个二值记号构成的组允许有 16 种组合，这就足够而有余了。因此，每个十进制数必须采用至少有 4 个二值记号的组。有时可能需要采用更大的组，见下文。)一个十值记号的例子是出现在 10 条预先分配的线路中的某一条线路上的一个电脉冲。二值记号则是出现在预先指定线路上的电脉冲，因此其存在与否可传递出信息(记号的“值”)。另一种可能的二值记号是可以有正负极性的电脉冲。当然，还可以有许多其他同样有效的记号方案。

我们来对记号做进一步观察。上面提到的十值记号的例子显然是一个由 10 个二值记号构成的组，换句话说，如前所述，这组记号是高度冗余的。表示十进制数所需的由 4 个二值记号组成的最小的组也可以在同一框架内引入。考虑一个由 4 条预先分配的线路构成的系统，用这些线路上（同时）出现的电脉冲的任意组合（共有 16 种组合，任取其中 10 种）就可以表示一个十进制数。

请注意，这些记号——通常是电脉冲（或是电压或电流，只要它们的持续时间能够使得所指示的记号有效即可）——必须由电路通断的控制装置控制。

2.2　数字机器类型及其基本单元

在截至目前的发展过程中，机电继电器、真空管、晶体二极管、铁磁磁芯、晶体管等器件相继得到运用，其中有些与其它器件结合使用，有些适合用在机器的存储器内（见下文），而另一些则适合用在存储器外（在“有源”器件中）。由此产生出各种不同种类的数字机器。

2.3　并行和串行方案

现在，机器中的一个数由一串十值记号（或记号组）来表示，这些记号（或记号组）可以被安排为同时出现在机器的不同器件中（所谓**并行**方式），或以时间顺序出现在机器的单个器件中（所谓**串行**方式）。如果机器的构造是为了处理有 12 位的十进制数，例如小数点

“左边”有6位，“右边”有6位，那么这台机器的每个信息通道中必须提供12个这样的记号（或记号组），用于传递数字。（这个方案可以在各种机器上以各种方式和程度来实现，以使其更加灵活。因此，在几乎所有的机器中，小数点的位置都是可调的。但我不在这里对此做进一步讨论。）

2.4　常规基本运算

到目前为止，数字机器的运算一直是基于算术的四则运算。关于使用的这些已知程序，还应作以下几点说明。

第一，关于加法：与在模拟机中调解此过程的物理过程（参见上文）不同，在数字程序情形下，采用的是严格的逻辑运算规则来控制这种运算，包括如何形成数字的和、何时产生进位，以及如何重复和组合这些运算，等等。当采用二进制（而不是十进制）系统时，数字和的逻辑性质变得更加清晰。实际上，二进制加法表（0 + 0 = 00，0 + 1 = 1 + 0 = 01，1 + 1 = 10）[①] 可以这样来表述：如果两个相加的数不同，其和的数字为1，否则为0；如果两个相加的数都为1，则进位数字为1，否则为0。由于可能存在进位数字，因此实际上我们需要一种有三项的二进制加法表：0 + 0 + 0 = 00，0 + 0 + 1 = 0 + 1 + 0 = 1 + 0 + 0 = 01，0 + 1 + 1 = 1 + 0 + 1 = 1 + 1 + 0 = 10，1 + 1 + 1 = 11，并且这种状态是：如果相加的数（包括进位数）

① 这里和下面给出的加法表中，等号左边的数都是个位数，等号右边给出的是两位数，前一个是进位数，后一个是个位数。

中 1 的个数是奇数(1 或 3)，那么其和的数字是 1，否则为 0；如果相加的数(包括进位数)中 1 的个数是多数(2 或 3)，则进位数字为 1，否则为 0。

第二，关于减法：它的逻辑结构与加法非常相似。它甚至可以——而且通常就是这么做的——通过简单的“补上”减数的办法来转换成加法。

第三，关于乘法：其主要的逻辑特性甚至比加法更显然，尽管结构较复杂。在十进制中，被乘数与乘数的每个数字相乘形成积(对于所有可能的十进制数字，通常通过各种加法进行预处理)，然后再将这些积加在一起(其中用到适当的移位)。同样，二进制系统的逻辑特性更加一目了然。因为唯一可能的数字是 0 和 1，所以，被乘数与乘数的数字积，仅当二者均为 1 时才为 1，其他均为零。

以上所有这些都是对正因子的乘积而言。当两个因子分别为不同正负号时，加法逻辑规则的控制有可能出现四种情况。

第四，关于除法：其逻辑结构类似于乘法结构，只是现在多了各种迭代、试错减法过程的介入，在各种可能情形下(用于形成商数)需要有特定的逻辑规则，这里还涉及串行的、重复的处理。

综上所述：所有这些运算都与模拟机器中所采用的物理过程截然不同。它们都采用二者择一的动作模式，以高度重复的顺序组织，并由严格的逻辑规则控制。特别是在乘法和除法的情形下，这些规则具有相当复杂的逻辑特性。(这一点可能被我们对其长期的、几乎本能的熟悉所掩盖，但如果我们强迫自己对它们的过程做完全的陈述，那么它们的复杂程度就会变得非常明显。)

第 3 章　逻辑控制

除了单独执行基本运算的能力外，计算机必须能够按照顺序——或者更确切地说，按照一定的逻辑模式——来执行这些运算，由此生成数学问题的解，这正是计算的实际目的所在。在以“微分分析器”为代表的传统模拟机中，这种运算“顺序”是以这样一种方式来实现的：机器中必须有足够多的器件——即足够多的“差分齿轮”和“积分器”（分别用于两种基本运算 $(x \pm y)/2$ 和 $\int^{t} x(t)\mathrm{d}y(t)$，参见上文）——来执行计算所需的基本运算。这些器件，即它们的“输入”和“输出”磁盘（或者更确切地说，这些磁盘的轴），必须彼此连接（在早期的模型中，采用的是齿轮连接，后期模型中采用的是电从动装置［“自动同步装置”］），以构成所需计算的副本。应当注意的是，这种连接模式确实可以随意设置，具体手段取决于待解决的问题，即用户的意图。在早期（齿轮连接，参见上文）的机器中，这种“设置”采用机械方法；在后期（电气连接，参见上文）的机器中，则是通过插入来完成的。不管怎样，在所有这些类型的机器中，在整个解题运算的持续时间内，这种设置是固定不变的。

3.1　插入控制

在最近的一些模拟机中，引入了一种更先进的技术。它们用电气“插入”连接。这些插入的连接实际上是由电动继电器控制的，因此它们可以通过继电器磁铁的吸合或断开，使这些继电器动作产生的电刺激来改变。这些电刺激可以由穿孔纸带控制，这些纸带的运动可以通过计算得出的适当时刻的电信号来启动和停止（以及重新启动和恢复等）。

3.2　逻辑纸带控制

前述的状态指意味着机器的某些数字处理器件已达到某种预先指定的条件，例如某个数的符号已变为负号，或某个数已被另一个数超过等。请注意，如果数是由电压或电流定义，那么它们的正负号可以通过整流器的安排来检测。对于转动圆盘，正负号可以通过看它是向右还是向左转动通过零点来判断。当一个数与另一个数的差值符号变为负号时，表明前一个数被后一个数超过。因此，“逻辑”纸带控制——或者更确切地说，“带纸带的计算状态”的控制——是与基本的“固定连接”控制相结合运用的。

数字机器的运行就是从不同的控制系统起步的。但在讨论这些之前，我将对数字机器以及它们与模拟机器的关系做一些一般性的评论。

3.3　每项基本运算仅需一个器件的运行原则

首先必须强调的是，在数字机器中，每项基本运算仅需一个器件。这一点与大多数模拟机不同，因为在后者的情形下，每项基本运算都必须有足够多的器件参与，所用器件的多少因问题的需求而异（参见上文）。然而应当指出的是，这是一个历史事实，而不是一种内在的要求，例如电气连接型模拟机原则上就可以做到每种基本运算仅需一个器件（参见上文）。数字型机器的逻辑控制见下述。（事实上，读者可以毫不费劲地证明，上文所述的“最新”类型的模拟机控制是向这种运算方式的一种过渡。）

此外还应指出，有些数字机或多或少偏离了这条“每项基本运算仅需一个器件”的原则，但这些偏离可以通过相当简单的重新解释回到正统的方案上来。（在某些情况下，这仅仅是一个如何看待双工（或多工）机器的问题，它们往往采用适当的交互通信方式。）这里我不打算进一步讨论这些问题。

3.4　由此带来的对特定存储元件的需求

然而，“每项基本运算仅需一个器件”原则需要用大量器件来存储运算过程中的数据（各部分的中间计算结果）。也就是说，每一个这样的器件必须能够“储存”一个数，同时除去它以前储存的数。

所存储的这个数接收自当下与该器件连接的其他器件，并在“提问”时“重复”这个数：将它发射给当下与之连接的其他器件。这种器件称为“内存寄存器”，这些器件的总和被称为“存储器”，一个存储器中寄存器的数量就是该存储器的“容量”。

现在我们可以来讨论数字机器的主要控制模式。我们最好是从描述两种基本类型入手，同时应提到将它们结合在一起的一些明显的原则。

3.5　用“控制序列”点来实现控制

第一种广泛使用的基本控制方法（经过一些简化和理想化）可以描述如下：

机器包含许多逻辑控制器件，它们称为“控制序列点”，并具有以下功能。（这些控制序列点的数量可能相当可观。在一些较新的机器中能达到几百个。）

在采用这种系统的最简单的模式中，每个控制序列点连接到它所驱动的某个基本运算器件，并连接到提供该运算数字输入的内存寄存器，以及接收其输出的寄存器。在一定的延迟之后（这个时间延迟必须足以执行完运算），或在接收到“已执行”的信号之后（如果运算的持续时间是可变的，且其最大值是不确定的或长到不可接受，那么，这个过程当然就要求与所讨论的基本运算器件有额外的联系），该控制序列点触发下一个控制序列点（其“后继点”）动作。接下来，下一个控制序列点以类似的方式，根据其自身的连接执行这一功能，由此一路进行下去。如果没有进一步的工作可做，那么这个过程便提供了一种无条件的、不重复的计算模式。

如果某些控制序列点（称为“分支点”）连接到两个“后继点”，并且能够有两个状态，例如A和B，且A会取道第一个“后继点”使过程继续进行，B取道第二个“后继点”使过程继续进行，那么我们就有了更复杂的控制模式。这种控制序列点通常处于状态A，但由于它连接到两个内存寄存器，因此某些事件会导致它从A变到B或从B变到A。例如，在第一个寄存器里出现负号，状态就会从A到B，如果负号出现在第二个寄存器上，则将使控制序列点的状态从B到A。（注意：内存寄存器除了存储一个数的数字，参见上文，通常还存储其正负号（+或–）。对于这一点，一个二值记号就足够了。）现在，我们可展现所有的可能形式：两个“后继点”可以代表计算的两个完全分离的分支，取道那个后继点取决于适当分配的数字标准（如果前一个点控制是“A到B”，那么后一个点“B到A”就用于恢复到新计算的初始条件）。这两个备选分支机构稍后会复位，成为普通的后继点。当两个分支之一（例如由A控制的分支）实际返回到前述第一个（分支）控制序列点时，还会出现另一种可能性。在这种情况下，我们处理的是一个重复的过程，这个过程被迭代直到满足某个特定的数值标准（上面“A到B”的指令）。当然，这是基本的迭代过程。所有这些技巧都可以组合和叠加。

注意，在这种情况下，与前面提到的模拟机的插入式控制一样，这里所谈的（电气）连接的总和构成问题的设置——待解决问题的表达，即用户意图的表达。所以这仍是一种插入控制。正如前述，插入模式可以因具体问题而更改，但至少在最简单的安排中，它在处理一个问题的持续时间内是固定不变的。

这种方法可以通过多种方式加以改进。每个控制序列点可以连接到多个器件，触发多个运算。插入式连接实际上可以由机电继电器控制（如前面处理模拟机的示例中所述），这些继电器可以由纸带设置，反过来纸带又可以在由计算中产生的电信号的控制下移动。关于这个主题所允许的所有变体的进一步讨论我就不在这里展开了。

3.6 内存存储控制

第二种基本的控制方法——该方法实际上已经朝着取代第一种方法的方向发展了很多——可以描述如下（同样进行了一些简化）。

形式上，该方案与上述插入式控制方案有些相似。但现在控制序列点被“指令”所取代。在该方案的大多数实例中，指令在物理上与一个数相同（与机器处理的类型相同，参见上文）。因此，在十进制机器中，它是一个十进制数字序列。（在前一章所给出的例子中，指令就是12个带或不带正负号的十进制数字。有时，在这种标准的数字空间中包含不止一条指令，但这里不对此做展开论述了。）

一条指令必须指明要执行哪一种基本运算，这个运算的输入将从哪一个内存寄存器中取出，其运算结果将输出到哪一个内存寄存器去寄存。请注意，这里假定所有内存寄存器都是按序列编号的——内存寄存器的这个编号称为“地址”。对基本运算的编号也很方便。因此，一条指令只需包含它要运算的数和上面提到的内存寄存器的地址，并以一个十进制的数字序列（固定顺序）的形式存在。

但这方面有一些变体，尽管它们在当前的情形下并不特别重要。例如，一条指令可以按上述方式控制多个运算；它还可以指示它所包含的地址在进入执行过程之前以特定的方式被修改。（通常采用的，实际上也是最重要的修改地址的方法，是将指定内存寄存器的内容添加到所有与该问题相关的地址中。）当然，这些功能也可以由特殊指令控制，或者一条指令只影响上述一系列动作的一部分。

每条指令的一个更重要的方面是这样：与前例中的控制序列点类似，每条指令必须确定其后续指令（有分支或没有分支，参见上文）。正如我在上面指出的，从“物理”上看，一条指令通常与一个数相同。因此，在处理问题的过程中，存储指令的自然方法是将它存储在一个内存寄存器中。换句话说，每条指令都存储在内存中，即存储在一个确定的内存寄存器中，也就是说，它有确定的地址。这为处理指令后继者的问题开辟了许多具体的方法。因此，我们可以规定，地址 X 的指令的后续指令的地址是 $X+1$，除非明确说明反向。“反向”是一种“转移”，它是一种特殊的指令，规定后继者位于指定的地址 Y。或者，每条指令都可以包含“转移”子句，即明确指定后继者的地址。“分支”最容易由“条件转移”指令来处理，它是这样一条指令：它指定后继者的地址是 X 还是 Y 取决于是否出现了某个数值条件，例如，给定地址 Z 上的数是否为负数。这种指令必须包含一个数，它表示这一特定类型的指令（因此它起着与上面提到的基本运算编号类似的作用，并占据相同的位置），地址 X、Y、Z 则是一个十进制数字序列（参见上文）。

注意，这种控制模式与前述的插入式控制模式之间存在重要区别：控制序列点是真实的物理对象，它们的插入连接表示该问题的运算。而在这里，指令是理想化实体，它存储在内存中，因此是内存中表示该问题的这个特定段的内容。因此，这种控制模式称为“内存存储控制”。

3.7　内存存储控制的模运算

在这种情形下，由于执行整个控制的指令都在内存中，因此比以前的任何控制模式都具有更高的灵活性。实际上，机器在其指令的控制下，可以从内存中提取数字（或指令），并将其（作为数！）进行处理，然后将它们返回到内存（相同或其他位置）；也就是说，它可以更改内存的内容，实际上这是它的常规模运算。特别是它能够更改指令（因为这些指令存在内存中！），尤其是控制其动作的指令。因此，各种复杂的指令系统都是可能的，它们不断地修改自己，由此也就不断地调整其控制下的计算过程。通过这种方式，比单纯的迭代更复杂的过程成为可能。尽管这些方法听起来有些牵强和复杂，但在最近的机器计算——或者更确切地说，在计算规划——实践中，这些方法已得到广泛运用并且非常重要。

当然，指令系统——它意味着要解决的问题，用户的意图——是通过“加载”到内存传递给机器的。这通常是从通过预先准备好的纸带或其他类似介质来完成的。

3.8　混合控制形式

上述两种控制模式——插入式和存储式——允许多种组合，对此我们可以做些讨论。

考虑一台插入式控制机器。假设它有一个存储器，其类型与内存存储控制机器的内存相同。那么我们可以用（长度合适的）一系列数字来描述其插入的完整状态。这个序列可以存储在存储器中；它可能占用几个数的空间，即几个（譬如说）连续的内存寄存器。换言之，它可以用许多连续的地址来找到，其中第一个地址可以简称为它的地址。存储器可以加载若干这样的序列，表示几个不同的插入方案。

除此之外，机器还可以有完全的内存存储类型控制。除了与该系统自然匹配的指令（参见上文）外，它还应该具有以下类型的指令：第一，使插入的设置根据存储在指定内存地址上的数字序列来复位的指令（参见上文）；第二，改变指定的单项插入的指令系统。（请注意，这两项规定都要求通过实际的电气控制装置——即机电继电器［参见前面的讨论］或真空管或铁磁芯等——来进行插入。）第三，将机器的控制从存储器存储状态转到插入状态的指令。

当然，插入式方案还必须能够指定内存存储控制（它可预设为一指定的地址）作为控制序列点的后继者（或在分支的情况下，作为一个后继者）。

第4章　混合数字程序

上面这些评述应足以说明这些控制模式及其组合的内在的灵活性。

值得注意的另一类“混合”机器类型是其中模拟和数字原理同时存在的机器。更准确地说，它是这样一种方案，其中机器的一部分是模拟的，一部分是数字的，两个部分相互通信（对于数据资源），并受共同的控制支配。或者，每个部分都有自己的控制，但这两个控制必须相互通信（对于逻辑材料）。当然，这种安排需要有能够将给定的数字型的数转换成给定的模拟型的数的器件，反之亦然。前者意味着从数字型表达出发来建立连续量，后者则是测量连续量并将其结果以数字形式来表示。能够执行这两项任务的各种器件，包括快速电气组件，已是众所周知的了。

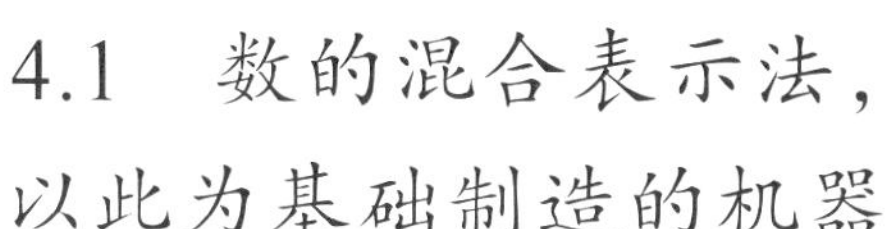

4.1　数的混合表示法，以此为基础制造的机器

另一类重要的“混合”机器类型包括这样一些计算机，其中计算过程的每一步（当然，不是指其逻辑过程）都结合了模拟和数字

原理。其中最简单的情形是，每个数都以部分模拟、部分数字的方式来表示。我将描述这样一个方案，它偶尔会出现在组件和机器的构造和规划中，以及某些类型的通信中，虽然基于此的大型机器还未出现。

在这个我称之为“脉冲密度”的系统中，每一个数都用一系列连续的电脉冲（在一条线路上）来表示，对此，这个序列的长度无关紧要，但脉冲序列（在时间上）的平均密度就是要表示的数。当然，必须指定两个时间间隔 t_1，t_2（t_2 比 t_1 大得多），这样，所讨论的平均值必然介于 t_1 和 t_2 之间。要使一个数等于此密度，我们还必须指定数的单位。有时，不妨让所讨论的密度不等于这个数本身，而是等于它的一个合适的（固定的）单调函数，例如对数。（后一种设备的目的是在数较小时获得更好的分辨率，在数较大时获得虽较差但可接受的分辨率，并使数与数之间具有连续的过渡。）

我们可以设计出将算术四则运算应用于这些数的器件。因此，当密度表示数本身时，可以通过将两个序列合起来实现加法。其他的运算虽有些棘手，但也已存在足可用的，且多少还算优美的程序。我就不在此讨论负数是如何表示的了，如果需要的话，这也很容易用适当的技巧来处理。

为了获得足够的精度，每个序列必须在上面提到的每个时间间隔 t_1 内包含许多脉冲。如果在计算过程中需要改变一个数，我们只需相应地改变其序列的密度即可，条件是这个过程比上面提到的时间间隔 t_2 慢。

对于这种类型的机器，对数值条件的感知（例如出于逻辑控制目的，参见上文）可能相当棘手。然而，有各种各样的装置可以将这样一个数，即脉冲的时间密度，转换成模拟量。（例如这样的脉冲密度，其每一个脉冲（通过给定的电阻）将缓慢放电的电容器充电到标准电荷量，这样，只要我们将其放电电压和漏电流控制在一个合理恒定的水平上，那么这两个量就都是可用的模拟量。）因此如前所述，这些模拟量可用于逻辑控制。

在描述了计算机的运行和控制的一般原理之后，我将继续讨论一些关于它们的实际运用和支配它的原则。

第 5 章　精度

首先，让我们比较一下模拟机和数字机的运用。

除了其他各方面的考虑外，模拟机的主要局限性是它的精度问题。实际上，电模拟机的精度很少超过 10^{-3}，甚至机械模拟机（如微分分析器）的精度也只能达到 $10^{-4} \sim 10^{-5}$。另一方面，数字机则可以达到任何期望的精度。例如，前面提到的十二位十进制机器，其精度即为 10^{-12}。（从下面的进一步讨论可知，这是现代数字机的一个相当典型的精度水平。）还应注意，在模拟制式下，提高数字机的精度要容易得多。对于微分分析器，其精度从 10^{-3} 提高到 10^{-4} 还相对简单；目前最好的技术能将其精度从 10^{-4} 提高到 10^{-5}；而（用目前的方法）从 10^{-5} 提高到 10^{-6} 是不可能的。另一方面，在数字机上，从 10^{-12} 到 10^{-13} 意味着只需向 12 位数再增加一位。这意味着通常设备的相对增加不超过 1/12 = 8.3%（并非总是这样），且运算速度也只降低相等的比例（并非总是这样），这些都不严重。脉冲密度系统的情形看似可与模拟系统相比较，但实际情形要差得多：它本质上就是一种低精度仪器。实际上，如果要求脉冲密度系统的精度为 10^{-2}，那么就要求它在 t_1 的时间间隔（参见上文）内有 10^2 个脉冲，单就这一点机器的速度就会降低为 1/100。通常情况下，这种量级上的速度损失是难以承受的，而更大的速度损失通常被认为是禁止的。

5.1 要求高(数字)精度的原因

但现在又出现了另一个问题:为什么这种极端的高精度(如数字机达到10^{-12})是十分必要的?为什么典型的模拟机的精度(比如10^{-4}),更不用说脉冲密度系统(比如10^{-2}了),都是不够的?在应用数学领域和工程领域的大多数问题中,数据精度都不会好于10^{-3}或10^{-4},而且常常达不到10^{-2}的水平,答案是不需要,高了也没有意义。在化学、生物学、经济学或其他一些实际问题上,精度要求通常更不严格。然而,在现代高速计算领域,众口一致的经验是,即使是10^{-5}这样的精度水平也不足以解决大部分重要问题,在实践中,数字机要求10^{-10}~10^{-12}这样的精度水平是完全合理的。出现这种令人惊讶的现象的原因既有趣又重要,这与我们目前的数学和数值程序的固有结构有关。

与这些处理相关的特征性事实是,当我们将计算过程分解成其各个组成要素时,就会看到这个过程是非常冗长的。这对于所有需要运用计算机处理的问题,至少是对于那些具有中等复杂度的问题,都是一样的。正是这个特点证明采用快速计算机是十分必要的。根本原因在于,我们目前的计算方法要求将所有的数学函数分解成基本运算——通常这意味着算术四则运算或大致相当的运算——的组合。实际上,大多数函数只能用这种方式进行近似,这意味着在大多数情况下,我们需要进行相当长的、其中可能含有多次反复迭代的基本运算(参见上文)。换句话说,所需运算的“算术深度”通常相当大。请注意，相应的“逻辑深度”将更大，要比前者高出相当大的倍数。也就是说，如果我们将算术四则运算分解为基本的逻辑步骤(参见上文)，那么它们中的每一种运算本身就都是一条长长的逻辑链。但是在这里，我需要考虑的只是算术深度。

现在假设有大量的算术运算，每一次运算中出现的误差都会被叠加。由于这些误差主要是随机性的(虽然不都是)，因此如果有 N 次运算，那么误差不是增加 N 倍，而是大约 $\sqrt{N}$ 倍。通常情况下，对于仅需 10^{-3} 精度的结果，运算本身不需要每一步都达到 10^{-12} 的精度。为此我们可以估算一下运算次数：$10^{-12}\sqrt{N}\sim 10^{-3}$，即 $N\sim 10^{18}$，而即使是当今最快的计算机，其运算次数也几乎不会超过 10^{10}。(每 20 微秒执行一次算术运算，48 小时处理一个问题，这样的机器代表了一种相当极端的情况。但即便如此，也只有 10^{10}！)然而，另一种情况也将随之发生。在计算过程中，所执行的运算可能会放大先前运算引入的误差。这会很快地填平上述数字间的鸿沟。上面所用的比值 10^{-3}:10^{-12} 等于 10^9，但实际上，假设每次运算只增加 5% 的误差，那么做 425 次连续运算就将达到这个值 10^9！我就不在这里做任何具体的和实际的估计了，特别是因为当今计算的艺术已经采取了大量措施来降低这种影响。但不管怎样，从大量经验中得出的结论是：只要遇到的是相当复杂的问题，上述高精度的要求就是合理的。

在离开有关计算机的直接主题之前，我还想谈一点关于它们的速度、大小等问题。

第 6 章　现代模拟机的特点

在现有最大的模拟机中，基本运算器件数的量级是一两百个。当然，这些器件的性质取决于所使用的模拟过程。在最近一段时间里，它们通常都是电气型的，或者至少是机电型的（机械级用于提高精度，参见上文）。如果想配备精心设计的逻辑控制（参见上文），那么就需要向系统增添一些典型的数字动作单元（如同所有此类逻辑控制一样），如机电继电器或真空管（在这种情况下，后者无法以极快的速度驱动）。这些数字单元可能高达几千个。在极端情况下，这种机器所需的投资可能高达 100 万美元。

第 7 章　现代数字机的特点

大型数字计算机的组织更为复杂。它们由“有源”器件和具有“存储”功能的器件组成。后者中还包括“输入”和“输出”器件，尽管这不是常见的做法。

有源器件的作用概述如下。首先，它是执行基本逻辑动作的器件，这些动作包括：读出重合、组合激励，以及可能的读出反重合（这以外都不是必需的，尽管有时这些器件还提供更复杂逻辑运算）。其次，它起着再生脉冲的作用，即恢复逐渐消耗的能量，或简单地将机器的能量水平直接提升到较高的水平（这两个功能都称为放大），从而恢复所需的（即在一定误差范围内的，标准化的）脉冲形状和脉宽。注意，前一种逻辑运算正是建立算术运算的要素（参见上文）。

7.1　有源元件；速度问题

所有这些功能都是由（按不同的历史阶段）机电继电器、真空管、晶体二极管、铁磁芯和晶体管（见上文），或涉及这些器件的各种小型电路来执行的。继电器可以实现每个基本逻辑动作需时约 10^{-2} 秒的速度，真空管可以将此速度提高到 10^{-5} ~ 10^{-6} 秒（在极端情况下，甚至可达到后者的一半或四分之一时间）。最后一组合称为固态器件，可实现 10^{-6} 秒的水平（在某些情况下仅为这个量级的几分之一），并且很可能将速度范围扩展到每个基本逻辑动作仅需 10^{-7} 秒，或者更快。对此我在这里就不多讨论了，我预计在未来十年内，我们将达到 $10^{-8} \sim 10^{-9}$ 秒的水平。

7.2　所需有源元件的数量

现代大型机器中有源器件的数量因类型而异，从 3000 ~ 30000 不等。这其中，基本算术运算通常是由一个器件（或者，更确切地说，是由一组或多或少地合并起来的器件组）来执行的，它称为“算术器件”。在现代大型机器中，根据类型，这个器件由大约 300 ~ 2000 个有源器件组成。

下面将进一步看到，有源器件的某种集合可被用来执行某种存储功能。这些器件通常包括 200 ~ 2000 个有源器件。

最后，（适当的）“存储”聚集体（参见下文）需要有辅助性的有源器件的装配组件来服务和管理它们。对于不包含有源器件的最快的存储器组（参见下文；这个术语表示它们是存储层次的第二级），此功能可能需要大约 300 ~ 2000 个有源器件。就存储器的所有部分而言，所需的辅助性有源器件的数量可能占到整个机器的 50%。

7.3　内存的存取时间和存储容量

存储器有几种不同的类别。对它们进行分类的特征参数是“存取时间”。各种存取时间可定义如下。首先，它是指存储一个已经存在于机器其他部分（通常寄存在有源器件中，参见下文）的数所需的时间，它也是删除存储器之前所存储的数的时间；其次，它是在“提问”时将所存储的数复现到机器的另一个地方（通常是复现到有源寄存器，见下文）所需的时间。我们可以方便地区分这两个存取时间（前者叫“写入[in]时间”，后者叫“读出[out]时间”），或者采用单个存取时间（取两者中较大的那个），或者采用它们的平均值。此外，存取时间有时可能会变化，也可能不变化——如果存取时间不依赖于内存地址，则称为“随机访问”。即使它是可变的，我们也可以采用单个值（最大值），或者采用平均存取时间。（当然，后者可能取决于要解决的问题的统计特性。）不管怎样，为了简单起见，在这里我将采用单个存取时间。

7.4　由有源元件构成的内存寄存器

内存寄存器可以由有源器件构成（参见上文）。它们的存取时间最短，而且最昂贵。这种寄存器与其存取设备一起，构成一个至少包含四个真空管（或用固态器件，但少不了多少）的电路，用于处理一个二进制数字（或正负号）。因此，对于每一个十进制数字（参见上文），所用的真空管等器件数量至少是前述的四倍。由此可知，对于前述的十二位十进制数字（和符号）的计数系统，通常需要196个真空管寄存器。另一方面，这类寄存器的存取时间为一到两倍的基本反应时间——与其他各种可能性（见下文）相比，这个时间已经非常快了。此外，出于某些经济上的考虑，几个这种类型的寄存器可在设备中集成。在任何情况下，它们作为其他类型存储器的“输入”和“输出”访问器件都是需要的；其中的一两个（在某些设计中甚至达到三个）需要作为算术器件的一部分。综上所述：在中等数量的情况下，它们比人们最初预期的更经济；在某种程度上，它们还是机器其他器件的附件。然而，它们似乎不适合作为大容量存储器，而这种大容量内存是几乎所有大型计算机所需的。（最后这项观察结论仅适用于现代机器，即真空管时代及其之后的机器。在之前的继电器型的机器中，继电器被用作有源器件，继电器寄存器被用作主要的存储器形式。因此，在接下来的讨论中，所谓机器都应理解为是指现代机器。）

7.5　内存的分级原理

对于这些扩展性的内存容量，必须采用其他类型的内存。这时我们要用到内存的“分级”原理。这一原理的意义在于：

为使机器能够正确地运行以解决预期的问题，一台机器可能需要一定数量的存储容量，例如需要存储 N 个字，需要占用一定的存取时间（比如 t）。目前要在存取时间 t 的时间间隔内提供 N 个字，这在技术上可能很困难，或者说经济上非常昂贵（技术上的困难往往也表现为费用不菲）。但是，多数情况下我们可能不需要在这个存取时间里读写所有的这 N 个字，而是在存取时间 t 内仅需读写相当少的字，比如 N' 个字。此外，还可能存在这样一种情形：一旦在存取时间 t 提供了 N' 个字后，整个 N 个字的容量仅在较长的存取时间 t'' 时才需要。如果沿这个方向继续分析下去，就会进一步看到这样的情形：在长于 t 但短于 t'' 的存取时间内，提供某种中等水平（小于 N 但大于 N'）的存储容量可能是最经济的。这方面最一般的方案是：提供一系列容量 N_1，N_2，…，N_{k-1}，N_k 和一系列存取时间 t_1，t_2，…，t_{k-1}，t_k，以便使这些容量的划分变得更精确，而存取时间的划分则较宽松，从而构成两个递进序列，即 $N_1 < N_2 < \cdots < N_{k-1} < N_k$ 和 $t_1 < t_2 < \cdots < t_{k-1} < t_k$，对于每一个 $i = 1, 2, \cdots, k-1, k$，在存取时间 t_i 所需的容量为 N_i。（为了将这两个对应序列与我们前述的一致，我们必须假定 $N_1 = N'$，$t_1 = t$，$N_k = N$，$t_k = t''$。）在此方案中，i 的每一个值表示内存分级中的一个层级，而整个分级中有 k 个这样的层级。

7.6 存储元件；存取问题

在一台大型的现代化高速计算机中，内存层级结构的所有层级的总数将至少有三个层级，也可能是四个或五个这样的层级。

第一级总是对应于上面提到的寄存器。他们的数目（N_1）几乎在任何机器设计中至少有 3 个，有时甚至更高（偶尔有高达 20 个的情形）。存取时间 t_1 是机器的基本切换时间（或可能是该切换时间的两倍）。

分级中的第二级总是借助于特定存储器件来实现的。这些存储器不同于用于机器其他地方的开关器件（以及分级结构的第一级所用的器件，参见上文）。目前用于这一层级的存储器通常具有存储容量 N_2，范围从几千个字到数万字不等（后者的尺寸目前仍处于设计阶段）。存取时间 t_2 通常是前一个级别 t_1 的 5 ~ 10 倍。更高的层级通常相当于每增加一级，内存容量 N_i 增大 10 倍。存取时间 t_i 也变得更快，但在这里，对存取时间还存在其他限制条件和限定规则的干预（参见下文）。对这一主题的详细讨论需要一定程度的细化，但目前似乎还没有这个必要。

最快的存储单元，一些专门的存储器件（即非有源器件，见上文），是由某些静电装置和磁芯阵列构成的。后一种技术的使用似乎明显在上升，尽管其他技术（静电、铁电等）也可能重新启用。对于后面层级的内存，目前主要采用磁鼓和磁带，也有建议采用磁盘的，并有零星的探索。

7.7　存取时间概念的复杂性

上面最后提到的这三种器件都要受到特定的存取规则和限制的制约。磁鼓存储器连续地和周期地显示其所有各部分以供访问；磁带的存储容量实际上是无限的，但它是以固定的线性逐次显示其各部分，在需要时它可以停止和倒行。所有这些器件都可以与各种安排结合起来，以提供机器操作与固定内存序列之间的特殊的同步。

任何存储分级结构的最后一级都必然是外部世界，也就是机器所涉及的外部世界，即机器可以直接与之通信的那部分世界，换句话说，就是机器的输入和输出器件。这些器件通常是穿孔纸带或卡片；在输出端，则是打印纸。有时机器的最终输入输出系统是磁带，然后再将它翻译到人类可以直接使用的介质上，即机器之外的穿孔纸带或打印纸。

以下是一些存取时间的绝对值：对于现有的铁磁磁芯存储器，5～15微秒；对于静电存储器，8～20微秒；对于磁鼓，2500～20000转/分，即每转24毫秒至3毫秒，在这个时间上可馈入1～2000个字；对于纸带，速度可达70000行/秒，即14微秒扫一行；一个字可以由5～15行组成。

7.8 直接寻址原理

所有现有的机器和存储器都采用“直接寻址”，也就是说，存储器中的每一个字都有一个其自身的数字地址，用来唯一地描述它和它在存储器（所有层级的总集合）中的位置。在读取或写入内存字时，总是明确指定该字的地址。有时并非内存的所有部分都可以同时访问（参见上文；也可能存在多个内存，并非所有内存都可以同时访问，并对访问优先级做出了某些规定）。在这种情况下，对内存的访问取决于请求访问时机器的一般状态。然而，地址和它指定的位置永远都不会含糊不清。

第二部分

人脑

到目前为止的讨论为我们进行下述比较提供了基础，而这一比较正是本项工作的目标。我已经详细描述了现代计算机的本质，以及它们可以被组织起来的广泛的替代原理。现在，我们可以来进行另一项比较，即计算机与人类神经系统的比较。我将讨论这两种“自动机”之间的相似点和不同点，并将相似点引入已知领域。至于那些不同点，它们不仅在大小尺寸和速度方面差异明显，而且表现在某些更深层次的领域：它们涉及运行和控制原理、总体组织等。我的主要目的是发展其中的某些方面。然而，为了正确地理解它们，我们需要将它们与相似点以及更表面的不同点（大小、速度；参见上文）等并列甚至结合起来看。因此，我们的讨论也必须相当重视这些方面。

第 8 章　神经元功能简述

关于神经系统的最直接的观察可知，其功能从表面上看是数字型的。为此，我们有必要更全面地讨论这个事实，以及它的断言所基于的结构和功能。

这个系统的基本组成部分是神经细胞，即神经元。神经元的正常功能是产生和传播神经冲动。这个冲动是一个相当复杂的过程，表现出许多不同方面的特性——电的、化学的和机械的。然而，它似乎又是一个十分独特的有明确规定的过程，就是说，在所有条件下其表现几乎完全相同；它代表了对相当广泛的刺激的一种基本上可重复的统一反应。

让我更详细地讨论一下这一点，即神经冲动的这样一些方面，它们似乎与我们当前讨论的内容有关。

第9章　神经冲动的性质

神经细胞由一个细胞体组成，从这个细胞体直接或间接发出一个或多个分支。这种分支叫做细胞的轴突。神经冲动是一种持续的变化过程，它通常以固定的速度（这可能是神经细胞的一种功能）沿着每根轴突传播。如上所述，这个神经冲动可以从多个方面来审视。从其特征上看，它无疑是一种电扰动。事实上，人们对它最常用的描述就是电扰动。这种扰动的电位通常是50毫伏左右，持续时间约为1毫秒。在这种电扰动的同时，轴突也发生着化学变化。因此，在脉冲电位通过的轴突区域，细胞内液体的离子组成发生变化，轴突壁（即细胞膜）的电化学性质（导电性、渗透性）也发生变化。在轴突的末端，这种变化的化学特性更加明显。在那里，当脉冲[1]到达时，会出现一些特殊的、有特征性的物质。最后，可能还有机械变化。事实上，细胞膜的各种离子渗透性的变化（参见上文）很可能只有通过其分子的重新定向，即通过所涉成分的相对位置的机械变化，才能实现。

应当补充说明的是，所有这些变化都是可逆的。换句话说，当

① 在本章和后面章节的许多地方，作者经常将"冲动"（impulse）和"脉冲"（pulse）混着用，但都指称同一个事实。大致是单指生物过程时用前者，意欲与物理电脉冲做类比时用后者。

冲动过去后，轴突及其所有组成部分的所有条件都会恢复到原来的状态。

由于所有这些效应都发生在分子尺度上——细胞膜的厚度大约为十分之几微米（即 10^{-5} 厘米量级），这正是这里所涉及的有机大分子的分子尺度——因此上述电效应、化学效应和机械效应之间的区别并不像最初那么明确。事实上，在分子尺度上，所有这些变化之间没有明显的区别：每一个化学变化都是由分子内的作用力的变化引起的，而这种作用力的变化取决于分子相对位置的变化，也就是说，这是一种机械位移引起的过程。此外，每一种分子内的机械位移变化都会改变所涉分子的电学性质，从而引起电学性质和相对电位水平都改变。综上所述：在通常（宏观）尺度上，电的、化学的和机械的过程可以保持明显的区别。然而，在神经膜的近分子水平上，所有这些方面都趋向于融合。因此毫不奇怪，对于神经冲动现象，我们可以从上述三方面的任何一个方面来观察。

9.1 刺激的过程

正如我之前提到的，充分发展的神经脉冲具有可比性，无论它是如何被诱发出来的。由于它们的特性并不是一种可明确定义的特性（我们既可以从电学的角度来看，也可以从化学的角度来看，参见上文），因此它的诱因也既可以是电性的，也可以是化学性质的。而且，在神经系统内，神经冲动主要是由一个或多个其他神经冲动引起的。在这种情况下，其诱发过程——神经冲动的刺激——既可能成功，也可能失败。如果失败了，一开始会产生一个短暂的扰动，但几毫秒过后，这个扰动就消失了。随后没有扰动沿着轴突传播。如果成功的话，那么扰动很快就呈现出一种（几乎）标准的形式，并且以这种形式沿着轴突传播。也就是说，如上所述，一个标准的神经冲动将沿着轴突运动，其外观将合理地独立于诱发它的过程的具体细节。

神经冲动的刺激通常发生在神经细胞体内或其附近。冲动的传播（如前所述）沿着轴突。

9.2　由脉冲引起激发脉冲的机理，及其数字特性

现在，我可以回到这个机制的数字特性上来了。神经脉冲可以在前述意义上被清楚地看作（二值）记号：没有脉冲代表一个值（例如，二进制数字0），而有脉冲则代表另一个值（例如，二进制数字1）。当然，这必须当作在特定轴突（或者更确切地说，在特定神经元的所有轴突）上发生的现象来理解，并且可能在特定时间内与其他事件相关。因此，它们可以被解释为起着特定逻辑作用的记号（二进制数字0或1）。

如前所述，（出现在给定神经元的轴突上的）脉冲通常由撞击到该神经元细胞体上的其他脉冲触发。一般来说，这种触发是有条件的，即只有这种初级脉冲的某些组合和同步才能触发所涉的次级脉冲，所有其他的脉冲都不能引起这种激励。也就是说，神经元是一个接受并发出明确物理实体（脉冲）的器件。一旦它接收到某些组合和同步的脉冲，它就会被刺激发出一个自身的脉冲，否则它将

不会发出脉冲。描述它会对哪些脉冲群做出响应的规则，同时也是支配它作为一个有源器件的规则。

显然，这是对数字机器中器件功能的描述，同时它也描述了刻画数字器件的作用和功能的方式。因此，它证明我们最初的断言的合理性，即神经系统具有表观的数字特征。

我要对“表观的”这个限定词再多说两句。上面的描述包含了某种理想化和简单化，这一点我们将在后面讨论。如果考虑到这些因素，那么神经细胞的数字特性就不再那么清晰和明确了。但不管怎样，上述强调的特征是非常显著的。因此，正像我在这里所做的，我们通过强调神经系统的数字特征来开始讨论似乎是恰当的。

9.3　神经反应、疲劳和恢复的时间特征

但是，在讨论这个问题之前，我们有必要对有关神经细胞的大小、能量需求和信号传递速度等方面依次做些定向性评论。当与主要的“人工”竞争对手——现代逻辑和计算机器的典型的有源器件——进行比较时，这些分析将特别有启发性。当然，这些有源器件是真空管和（最近的）晶体管。

我上面说过，神经细胞的刺激通常发生在其细胞体上或附近。实际上，一个完全正常的刺激沿着轴突进行也是可能的。也就是说，当我们在轴突的某一点上施加足够大的电位或适当浓度的化学刺激物时，会在那里引发一种扰动，这种扰动会很快发展成一种标准脉冲，从被刺激的点沿轴突向上和向下移动。实际上，上述“通常的”刺激主要发生在一组从细胞体延伸出的距离很短的分支上，这些分支除了尺寸较小外，基本上就是轴突本身。刺激从这些分支传播到神经细胞体，然后再传播到正常的轴突。顺便说一下，这些刺激受体叫作**树突**。来自另一个脉冲（或一组脉冲）的正常刺激，会从传播这个脉冲的轴突的特殊末端发射出来。这个末端叫作**突触**。（一个脉冲是否只能通过突触来刺激，或者在沿轴突传播时，它是否可以直接刺激另一个非常靠近的轴突，这是一个不需要在这里讨论的问题。但这些现象有利于我们假设：这种短路过程是可能的。）跨突触刺激的时间为几倍于 10^{-4} 秒，这一时间被定义为脉冲到达突触与受激神经元的轴突的最近点上出现受激脉冲之间的时间间隔。然而，当我们将它看成是逻辑机器的有源器件时，这不是定义神经元反应时间的最重要的方法。原因是，在受激脉冲形成并变得明显后的瞬时，受激神经元还没有恢复到它最初的前刺激状态。这时的状态称为**疲劳**，即此时神经元还不能立即接受另一个脉冲的刺激并以标准方式做出反应。从机器经济学的角度来看，在一个刺激引发一个标准反应的多少时间之后，另一个刺激也会引发一个标准反应，这才是一个更重要的速度指标。这个间隔时间大约为 1.5×10^{-2} 秒。从这些数据可以清楚地看出，实际的跨突触刺激只需要这个时间的 1% 或 2%，其余时间代表恢复时间，在此期间，神经元从疲劳、中等水平的后刺激状态恢复到正常的前刺激状态。需要注意的是，从疲劳中恢复是一个渐进的过程——神经元已经在某个较早的时间（大约 1.5×10^{-2} 后）以非标准的方式做出反应，即它将产生一个标准的脉冲，但只是对明显强于标准条件下所需的刺激做出反应。这种情况有着广泛的意义，我以后再谈。

因此，神经元的反应时间取决于它是如何定义的，其范围大约

在 $10^{-4} \sim 10^{-2}$ 秒之间，而更重要的定义是后者。与此相比，用在大型逻辑机中的现代真空管和晶体管的反应时间则在 $10^{-6} \sim 10^{-7}$ 秒之间。（当然，在这里我也允许用完全恢复时间；在这段时间后，所讨论的器件回到其前刺激状态。）也就是说，在这方面，我们的人工制品远远领先于相应的天然器件，速度要快大约 $10^4 \sim 10^5$ 倍。

就尺寸大小而言，事情就显得相当不同了。对于大小的比较，我们有各种各样的方法，但最好还是一个个地进行评估。

9.4　神经元的大小，与人工器件的比较

神经元的线性大小在不同的神经细胞之间差异很大，因为其中一些细胞包含在紧密结合的大聚集体中，其轴突非常短；而另一些细胞则需要在人体较远的部分之间传导脉冲，从而可能具有与整个人体线度相当的线性伸展。一种能够获得明确而显著的对比结果的比较方法，是将神经细胞的逻辑活动部分与真空管或晶体管的逻辑活动部分进行比较。对于前者，这就是细胞膜，如前所述，其厚度大约为几倍于 10^{-5} 厘米。对于后者，可陈述如下：在真空管的情况下，它是栅极到阴极的距离，大小从 10^{-1} 厘米到几倍于 10^{-2} 厘米不等；在晶体管的情况下，它是所谓的“晶须电极”（非欧姆电极——“发射极”和“控制极”）之间的距离，再考虑到这些子成分的直接、活跃的环境而折叠了3次，因此其线度相当于不到 10^{-2} 厘米。因此，就线性尺寸而言，天然器件似乎领先于人工制品大约 10^3 倍。

接下来，我们可以对体积做比较。中枢神经系统占据（大脑中）大约1公升量级的空间，即 10^3cm^3。这个系统中所包含的神经元的

数量通常估计为 10^{10} 个或更高。因此每个神经元所占体积大约为 $10^{-7}cm^3$。

真空管或晶体管的密度也可以估计，虽然不是绝对无歧义。显然，采用封装密度的比较（无论从比较的哪一边看）要比单个器件的实际体积之间的比较更能衡量出尺寸效率。采用当今的技术，几千个真空管的集合体肯定会占到几十立方英尺的体积；对于晶体管来说，达到同样效果的体积大约是几立方英尺。用后者的量级作为我们今天所能达到的最佳水平，那么几千个有源器件的整个封装体积就是 10^5 立方厘米的量级，即每个有源器件大约占 10 ~ $100cm^3$ 的体积。由此可见，天然器件在体积要求方面要比人工制品领先 $10^8 \sim 10^9$ 倍。为了与线性尺寸的估计值进行比较，我们将上述值开立方。$10^8 \sim 10^9$ 的立方根是 $(0.5 \sim 1) \times 10^3$，这与上面用直接方法得到的二者相差 10^3 的结果是一致的。

9.5　能耗，与人工器件的比较

最后，我们来进行能量消耗的比较。有源逻辑器件本质上是不做功的：它产生的受激脉冲不必比激励它的脉冲需要更多的能量，而且在任何情况下，这些脉冲能量之间都没有内在的和必然的联系。因此，所涉及的能量几乎完全被耗散掉了，即转化为热量而不做相关的机械功。因此，所需的能量实际上就是能量的耗散量，我们不妨谈谈这种器件的能量耗散。

人类中枢神经系统（大脑）的能量耗散大约为 10 瓦。正如上面所指出的，这里涉及的是 10^{10} 个神经元，这意味着每个神经元的

能耗为 10^{-9} 瓦。真空管的典型能耗是 5 ~ 10 瓦。晶体管的典型能耗可能只有 10^{-1} 瓦。因此，在能耗上天然器件胜过人工器件大约 $10^{8} \sim 10^{9}$ 倍，这个倍数与上述在体积要求方面出现的倍数相同。

9.6　比较结果小结

综上所述，在大小上，天然器件似乎要优于人工器件大约 $10^{8} \sim 10^{9}$ 倍。这个倍数是从线度的三次方比较得到的，通过体积比较和能量耗散比较得到的也是这个倍数因子。与此相反，在速度上人工器件大约要比天然器件快 $10^{4} \sim 10^{5}$ 倍。

在这些定量评估的基础上，可以得出某些结论。当然，我们必须记住，这个讨论仍然非常表观的，因此，随着讨论的进一步深入，这里得出的结论很可能会被修改。但不管怎样，总结出如下一些结论似乎是值得的。

第一，在同一时间间隔内，就同样总体积（由等体积或等能耗定义）下可动作的有源器件的数量来说，天然器件要比人工器件高出 10^{4} 倍。这个倍数是上述两个倍数的商，即 $10^{8} \sim 10^{9}$ 除以 $10^{4} \sim 10^{5}$。

第二，相同倍数表明，天然器件倾向于采用数量较多但速度较慢的自动机工作模式，而人工器件倾向于采用数量较少但速度较快的工作模式。因此可预料，一个有效组织起来的大型天然自动机（如人类神经系统）将倾向于同时收集尽可能多的逻辑（或信息）项，并同时予以处理；而一个有效组织起来的大型人工自动机（如大型现代计算机）则更倾向于按排序工作——一次做一件事，或者至少不是同时做那么多事情。也就是说，大型高效天然自动机很可能是高度**并行**的，而大型高效的人工自动机则往往不是这样，而是**串行**的。（参见前面关于并行和串行排列的一些评论。）

第三，我们应该注意的是，并行运算和串行运算不能无条件地相互替代。这也是我们要使上述第一点论述完全有效所必须要求的，就是说，我们不能简单地用一个表示大小优势的因子去除以表示速度劣势的因子，就能获得一个（效率上的）“优势系数”。更具体来说，并非所有的串行运算都可以立即转换成并行，因为某些运算只能在其他运算之后执行，而不能与后者同时执行（即它们必须使用后者的结果）。在这种情况下，从串行方案到并行方案的转换是不可行的。要使其可行，就必须伴有在程序的逻辑思路和组织上有同时的改变。相反，要想使并行过程串行化，就需要对自动机施加新的要求。具体地说，它几乎总是会带来新的内存需求，因为先进行的运算的结果必须存储起来以备后续运算使用。因此，天然自动机的逻辑方法和结构可能与人工自动机的逻辑方法和结构大不相同。而且，从整个系统看，后者对内存的需求可能会比前者更严重。

在接下来的讨论中，我们还将再次用到所有这些观点。

第 10 章　刺激标准

10.1　最简单的初等逻辑

现在我可以转向讨论在前述神经活动中所包含的理想化和简单化问题了。我在那里指出过存在着这些情况，并指出对那些被简化的内容做出评估并不是微不足道的。

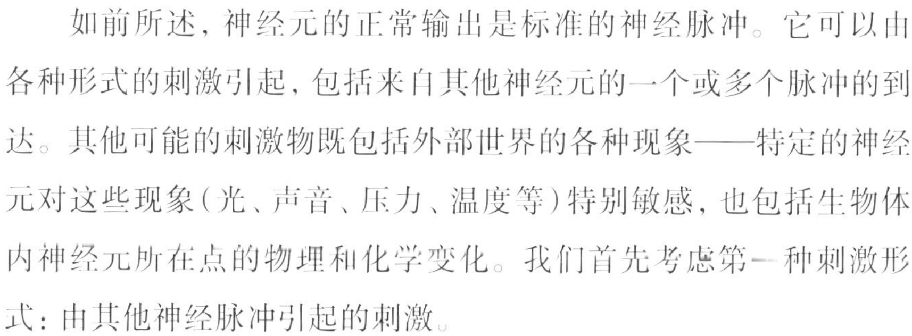

如前所述，神经元的正常输出是标准的神经脉冲。它可以由各种形式的刺激引起，包括来自其他神经元的一个或多个脉冲的到达。其他可能的刺激物既包括外部世界的各种现象——特定的神经元对这些现象（光、声音、压力、温度等）特别敏感，也包括生物体内神经元所在点的物理和化学变化。我们首先考虑第一种刺激形式：由其他神经脉冲引起的刺激。

此前我说过，这种特殊机制——通过其他神经脉冲的适当组合引起的神经脉冲刺激——使得神经元可以与典型的基本数字有源器件相媲美。我们可以这样来进一步阐述这一点：如果一个神经元（通过其突触）与另外两个神经元的轴突接触，并且如果它的最小刺激需求（即引起一个响应脉冲的刺激阈值）等同于那两个（同时）传入脉冲的最小刺激需求，那么这个神经元实际上就是一个“与”运算器件：它执行的是合取的逻辑运算（文字上写作“与”），因为它只在两个刺激物（同时）激活时才做出响应。另一方面，如果最低要求仅仅是（至少是）某个脉冲的到达，那么这个神经元就是一个“或”运算器件，即它执行的是析取的逻辑运算（用“或”表示），因为当它的两个刺激物中的任何一个激活时，它都会做出响应。

“和”和“或”是两种基本逻辑运算。它们与“非”（否定的逻辑运算）一起构成一组完整的基本逻辑运算——所有其他的逻辑运算，无论多么复杂，都可以通过这些基本运算的适当组合来获得。我不在这里讨论神经元如何也可以模拟“否”运算，或者通过什么技巧可以完全避免使用这个运算。以上这些足以说明我之前已经强调的，如果我们这样看待，神经元就可以看作是一种基本逻辑器件——因此也可以看成是基本的数字器件。

10.2　较复杂的刺激标准

然而，这是对现实的简化和理想化。通常，实际的神经元不是简单地按照它们在系统中的位置来组织的。

有些神经元确实只有一两个（或者少数几个）可与其他神经元相互作用的突触。但更常见的情况是，一个神经元的细胞体有许多与其他神经元的轴突相联系的突触。有时甚至可见，一个神经元的几个轴突在另一个神经元上形成突触。因此，可能的刺激物很多形式，而且可能有效的刺激模式要比上述简单的“和”和“或”方案有更复杂的定义。如果有许多突触作用在一个神经细胞上，那么这个神经细胞的最简单的行为标准就是，只有当它接收到最低数量的

（同时过来的）神经脉冲（当然多多益善）时才会做出响应。然而，我们有理由假设，实际事情可能甚至比这更复杂。可能存在这样的情形，某些神经脉冲组合刺激一个给定的神经元，不仅是因其数量，而且还借助于它们到达的那些突触的空间关系。也就是说，我们可能不得不面临这样的情形：比如说，一个神经细胞上有数百个突触，作用在这些突触上的有效（即能在上述神经元中产生响应脉冲）的刺激组合，不仅需要用它们的数量来刻画，而且还需要用它们在该神经元上特定区域（在其细胞体上或其树突系统上，参见上文）的覆盖状况来刻画，通过这些区域相互之间的空间关系，以及可能相关的更复杂的定量和几何关系来刻画。

10.3　阈值

如果刺激有效性的标准就是上面提到的最简单的标准：同时存在最小数量的刺激脉冲数，那么这个最小要求的刺激被称为相关神经元的阈值。通常我们就是根据这一标准（即阈值）来讨论给定神经元的刺激需求。然而必须记住的是，我们并不能确定刺激需求就只有这一如此简单的特性，它可能有比仅仅达到上述阈值（即同时给与刺激的最小突触数量）更复杂的关系。

10.4　总和时间

除此之外，神经元的特性还可能表现出其他的复杂性，而这些复杂性并不仅仅是用标准的神经脉冲的刺激-反应关系就能描述的。

因此无论何处，上述“同时性”既不能是也不意味着实际的、确切的同时性。在每一种情况下，它都有一个有限的宽限期——一段总和时间，使得在这一时间段内到达的两个脉冲看上去仍像是同时的。实际上，事情可能比这更复杂——这个求和时间可能不是一个明确的概念。有时甚至是在前一个脉冲过去稍长一段时间之后，这个脉冲仍可以与后一个脉冲相加，只不过前后相隔时间越长，可相加的成分越低。由于其长度的原因，脉冲序列的整个时长要比前后两个脉冲的求和时间更长，但只要在极限范围内，它们可能产生的影响就会比个体效应更大。疲劳及其恢复现象的各种叠加也会使神经元处于不正常状态，即其响应特性与标准状态下的响应特性不同。所有这些情况，在观察上都已有一定的（尽管或多或少是不完整的）证据，它们都表明：至少在适当的特定情况下，单个神经元有着一种复杂的响应机制，这种机制要比遵循简单的基本逻辑运算模式所做出的“刺激-反应”的教条性的描述复杂得多。

10.5　受体的刺激标准

关于其他神经元的输出（神经脉冲）以外的因素对神经元的刺激，这里只需说明几点（特别是目前的语境下）。如前所述，这些因素是外界（即有机体表面上）所发生的现象，神经元对这些现象（光、声音、压力、温度等）特别敏感，神经元所处位置的有机体内也会因此发生物理上和化学上的变化。我们通常将那些其组织功能是对第一类刺激做出反应的神经元称为受体。然而，最好是将所有对神经脉冲以外的刺激能做出反应的神经元都称为受体，并通过指定为外部受体或内部受体来将它们区分为第一类和第二类。

对于所有这些情况，我们再次面临如何定义刺激标准的问题，即在什么条件下来定义神经脉冲的刺激将发生。

最简单的刺激标准同样是一个可以用阈值来表示的标准，就像以前考虑过的神经脉冲刺激神经元的情况一样。这意味着刺激有效性的标准可以用刺激物的最小强度来表示，它包括：外部受体可感知的最低光强、一定频率间隔内所包含的最小声强、最小过压压强、最小温升；或者内部受体可感知的最低化学剂浓度变化，或相关物理参数值的最小变化等。

然而应当注意的是，阈值型刺激标准并不是唯一可能的标准。例如在光学的情形下，似乎许多神经元都参与到对光照的变化（在某些情况下是从亮到暗，在其他情形下是从暗到亮）做出反应，而不是对达到特定水平的光照强度做出反应。可能这种反应不是单个神经元的反应，而是更复杂的神经元系统整体对外的神经元输出。我不在这里深入讨论这个问题了，仅指出一点就足够了：现有的证据倾向于表明，就受体而言，阈值型刺激标准并不是神经系统中唯一采用的标准。

现在，让我再来讨论上面提到的典型例子。众所周知，在视神经中，某些视纤维不是对任何特定（最低）强度的光有反应，而只对这种强度的光的变化有反应。例如，某些视纤维是光从暗到亮的通道，而另一些视纤维是光从亮到暗的通道，即只对光变暗有反应。换言之，是光强的增减，即光强的微商的大小，而不是光强本身的大小，提供了刺激标准。

现在，我们不妨就神经系统的这些“复杂性”在其功能结构和功能上的作用说几句。首先，我们当然可以想象，这些复杂性根本不起任何有用的功能性作用。但如果指出它们可能会起着怎样的作用这可能更有意思，下面就说说这些可能性。

可以想象，在基本上是数字化组织的神经系统中，上述复杂性起着模拟或至少是“混合”的作用。有建议认为，通过这些机制，更为深奥、无处不在的电效应可能会对神经系统的功能产生影响。这可能是因为，某些一般性质的电位会以这种方式起重要作用，并且系统是对这样一些电位理论问题的解做出响应，这些问题比人们通常用数字标准、刺激标准等所描述的问题更不直接和基本。由于神经系统的特性可能主要是数字型的，因此这些效应如果是真实的话，就可以与数字效应相互作用，也就是说，这将是一个“混合系统”的问题，而不是一种真正的模拟系统。一些作者在这些方向已有种种推测，大家在一般文献中就肯定可以查到他们的这些观点。在这里我就不再详细讨论这些问题了。

然而应该说，所有这种类型的复杂性都意味着，就我们迄今为止所实践的基本有源器件的计数而言，神经细胞不仅仅是一个基本有源器件，在计数上任何有意义的努力都必须认识到这一点。显然，即使是采用更复杂的刺激标准，也都存在这种效应。如果神经细胞的应激反应是通过其细胞体上某些突触组合的刺激而不是其他刺激来激活的，那么对这种基本有源器件的有意义的计数大概就应是对突触的计数，而不是对神经细胞的计数。如果进一步考虑到上述“混合”现象的出现，那么这些计数就将变得更加困难。用突触计数来代替神经细胞计数的必要性已经使基本有源器件的数量增加了一个相当大的倍乘因子，比如 10 ~ 100 倍。这一点，以及类似的情况，在考虑基本有源器件的计数问题时应当心中有数。

当然，这里提到的所有的复杂性也许都是无关的，但它们也可能赋予系统一种（部分的）模拟特性，或者说“混合”特性。不管怎样，这些复杂性都会增加基本有源器件的计数，如果这种计数是根据任何重要的标准进行的话。这个增量可能是一个 10 ~ 100 的倍乘因子。

第 11 章　神经系统的记忆问题

到目前为止的讨论还没有考虑到这样一个组分，它在神经系统中的存在是非常可信的，如果不说是肯定的话——它在迄今所建造的所有人工计算机器中都起着至关重要的作用，故其意义可能是原理上的，而非偶然的。我这里指的是记忆(memory)[①]，因此，现在我将讨论神经系统的这个组成部分——或者更确切地说——其子组件。

如上所述，记忆，或者说——这不是不可能——几个记忆，在神经系统中的存在是一个猜测和假设性的问题，但是我们在人工计算自动机方面的所有经验都表明并证实了这一点。因此，从一开始我们就认为，关于这个组件(或子组件)的性质、实施方式和位置的所有物理断言同样都是一种假设。从物理观察的角度看，我们不知道记忆位于神经系统的什么位置；我们也不知道它是一个单独的器官呢，还是其他已知器官等的某些特定部分的集合。它很可能存在于某个特定的神经系统中，而这个系统必然是一个相当大的系统。它很可能还与身体的遗传机制有关。在这些方面我们和古希腊人

① 在计算机领域，还借用这个词指存储器(内存)，因此这个词在这里具有双重涵义。

一样，对它的本质和地位一无所知，古希腊人怀疑心灵处在横膈膜中的某个位置。而我们唯一知道的是，心灵一定是一个容量相当大的记忆库，而且很难想象，像人类神经系统这么复杂的自动机如果没有它将如何运作。

11.1　神经系统记忆容量的估值原理

现在让我就这个记忆可能具有的容量谈几句。

像计算机一样，在人工自动机中，有相当一致的标准方法来给存储器（记忆）分配“容量”，并且将这些方法扩展到神经系统似乎也是合理的。一个存储器可以保存一定的最大信息量，并且这些信息总是被转换成二进制数字——“位（bit）”——的集合。因此，一个能容纳 1000 个十进制的 8 位数的存储器必须配给一个 $1000 \times 8 \times 3.32$ 位的容量，因为一位十进制数大约等于 $\log_2 10 \sim 3.32$ 位。（这种记法是由香农等人在经典的信息论著作中确立的。）很明显，一个十进制的 3 位数必然相当于大约（二进制的）10 位，因为 $2^{10} = 1024$ 大约等于 $10^3 = 1000$。（这样，一个十进制数字大约对应于 $10/3 \sim 3.33$ 位。）因此，上述容量计数给出了 2.66×10^4 位的结果。通过类似的论证可知，一个印刷体字符或一个打字机字符表中的字符所表示的信息容量可这么来计算：首先我们有 $2 \times 26 + 35 = 88$ 种可选方式（其中 2 表示字母是大写或小写的可能性，26 表示字母表中的字母数，35 表示标点符号、数字符号和间隔号等通常符号数的总和），因此其所含信息容量为 $\log_2 88 \sim 6.45$ 位。这样，如果一个存储器（例如）可以容纳 1000 个这样的字符的话，那么其容量

为 $6450=6.45\times10^3$ 位。按照同样的思路，对于更复杂的信息形式——例如几何图形（当然，需要给定一定的精度和分辨率）、颜色的细微差别（与上述条件相同）等——所对应的记忆容量，我们也可以用标准单位——“位”——来表示。因此，拥有所有这些组合的记忆的容量可以简单地利用加法法则来计算。

11.2　运用这些规定来估计记忆容量

现代计算机所需的内存容量通常为 $10^5\sim10^6$ 位。据推测，神经系统功能所必需的记忆容量似乎要比这个大得多，因为如上所述的神经系统是一个比我们所知道的人工自动机（如计算机）大得多的自动机。而要推测记忆的容量到底应该比上面引用的 $10^5\sim10^6$ 的数字大多少这很难说。但这不妨碍我们对此得出一些粗略的定向估计。

一个标准的受体似乎每秒能接受大约 14 个不同的数字印象，我们可将它看成是相同的位数。假设有 10^{10} 个神经细胞，并假设其中每个神经细胞都处于合适的条件下，那么一个（内部或外部）受体的总输入基本上为 14×10^{10} 位每秒。我们进一步假设（对此已有证据表明），神经系统中并不存在真正的遗忘，那些接收到的印象只是可能从神经活动的重要区域（即注意力中心）中被移到了别的地方，而不会真正被抹去。由此我们可以对正常人的一生所接收的信息量做一估计。如果一个人的一生按 60 年计，那么就是 2×10^9 秒，故按上述规定，整个一生的信息输入量所需的总记忆容量为 $14\times10^{10}\times2\times10^9=2.8\times10^{20}$ 位。这个数字远远大于 $10^5\sim10^6$（即现代计算机具有的典型的有效存储容量)，但这种数字上的超出不是不合理，因为之前我们已经知道，神经系统的基本有源器件的数目就存在相应的超出。

11.3 记忆的各种可能的物理实现方法

关于这种记忆在物理上如何体现的问题仍未解决。为此，许多作者已经提出了各种解决方案。有人提出，假设不同的神经细胞的阈值——或者更广泛地说，刺激标准——是随时间变化的，即阈值是细胞过往历史的函数。那么频繁使用神经细胞可能会降低其阈值，即减轻其刺激的需求。凡此种种，如果是真的，那么记忆将处在刺激标准的可变性之中。这当然是可能的，但我不打算在这里讨论这些内容。

上述想法的一种更激进的表现，是假设神经细胞之间的连接，即传导轴突的分布，是随时间而变化的。这将意味着可能存在以下的事物状态。可以想象，轴突的长时间不用可能会使其在以后的使用中失效。另一方面，轴突的非常频繁(比正常情况下更频繁)的使用则可能会在特定路径上产生一种代表较低阈值(一个促进性的刺激标准)的联系。同样，在这种情况下，神经系统的某些部分在时间上和以前的历史上都是可变的，因此，它们本身就代表一种记忆。

另一种明显存在的记忆形式是细胞体的遗传部分：染色体及其组件基因。这二者显然可以视为记忆元素，它们的状态影响到——并在一定程度上决定了——整个系统的功能。因此，也有可能存在所谓的基因记忆系统。

还有其他形式的记忆，其中有些是很有道理的。例如，身体某些部位的化学成分的某些特征可以自我延续，因此也可以看作是记忆元素。如果考虑到遗传记忆系统，那么我们应该考虑这种类型的记忆，因为存在于基因中的自我永存属性显然也可以定位在基因之外，即定位于细胞的其余部分。

我不讨论所有这些可能性以及还有的其他许多（可以平等地考虑的）可能性了。后者在某些情况下甚至具有更大的可能性。这里我只想申明一点：尽管我们还不能将记忆定位在某个特定的神经细胞集合上，但目前确实已经提出了各种可能性，作为记忆的物理体现，它们都有不同程度的理由。

11.4　与人工计算机类比

最后，我想说的是，神经细胞系统以各种可能的周期性方式相互刺激，也构成了记忆。这些记忆是由活性元素（神经细胞）组成的。我们在计算机技术中经常大量使用这种存储器。事实上，它们是第一批被实际引入的存储器。在真空管型的计算机中，“触发器”——即那种相互选通并彼此控制的成对真空管——就代表了这种类型。在晶体管型技术，以及几乎所有其他形式的高速电子技术中，都允许并明确要求采用这些类似触发器的器件，这些器件，就像早期真空管计算机中所用的触发器一样，都可以用作存储元件。

11.5　记忆的基本成分不必与基本有源器件的相同

然而，必须指出的是，神经系统不太可能采用这种器件作为记忆的主要载体。这种存储器件，即所谓典型的“由基本有源器件组成的存储器”，在任何意义上都是极其昂贵的。虽然现代计算机技术是从这种安排开始的，例如第一台大型真空管计算机 ENIAC，其主存储器（即最快和最直接可用的存储器）就是专门依靠触发器来工作的，它有一组尺寸非常大的真空管（22000 只），但按照目前的标准来看，它的主存储器的容量非常小（仅由几十个十位数的十进制数字组成）。请注意，后者的容量仅相当于几百位，肯定小于 10^3 位。而在当今的计算机中，机器大小和内存容量之间的适当平衡（参见上文）通常要求有 10^4 基本有源器件和 $10^5 \sim 10^6$ 位的内存容量。这是通过采用技术上完全不同于机器的基本有源器件的存储器形式来实现的。因此，真空管型或晶体管型机器可以有位于静电系统（阴极射线管）中的存储器，或位于等适当排列的大的铁磁磁芯聚集体中的存储器。我不在这里尝试对其作完全分类，因为其他重要的存储器形式，如声学延迟型、铁电型和磁致伸缩延迟型（这个列表确实还可以增加）等存储器，不太容易适合这样的分类。我只是想指出，神经系统中的记忆所采用的机制可能与构成基本有源器件的机制完全不同。

这些方面的问题对于了解神经系统的结构看来是非常重要的，对于这些问题，迄今为止似乎还没有答案。我们知道神经系统的基

本活动器官(神经细胞)。我们有充分的理由相信一个容量非常大的记忆与这个系统有关。但我们明显不知道这种记忆的基本组件的物理实体是什么类型。

第 12 章　神经系统中的数字部分和模拟部分

上面已经指出了与神经系统的记忆方面相关的深层的、基础的和广泛开放的问题，因此接下来我们最好继续讨论其他问题。但在神经系统中，未知的记忆组件还有一个次要方面，关于这个问题应该说几句话。这些是指神经系统的模拟部分和数字（或“混合”）部分之间的关系。我在下面的内容中，先做一个简短而不完整的附加讨论，然后我们再继续讨论与记忆无关的问题。

我想做的观察是：如我之前指出的，发生在神经系统上的过程，可以反复地从数字特性改变为模拟特性，然后再回到数字特性，如此往复进行。神经脉冲，即这一机制的数字部分，可以控制这一过程的特定阶段，例如特定肌肉的收缩或特定化学物质的分泌。这一现象属于模拟类，但它或许是一系列神经脉冲的起源，这些神经脉冲则是由于被合适的内部受体所感知。当这些神经脉冲被产生出来后，我们又回到了数字进程中。如上所述，从数字过程到模拟过程，再回到数字过程的这种变化可能会交替几次。因此，系统的数字神经脉冲部分，和由于肌肉收缩所引起的化学变化或机械错位的模拟神经脉冲部分，可以相互交替地赋予任何特定过程一种混合的特征。

12.1　遗传机制在上述背景下的作用

现在，在这种情况下，遗传现象起着特别典型的作用。基因本身显然是组成数字系统的一部分。但它们的作用是刺激特定化学物质（即特定的酶）的形成，而这些酶则是相关基因的特征，因此属于模拟范畴。因此，这个领域为我们展示了模拟和数字交替的一个具体实例，也就是说，它是更广泛类型中的一个成员，对此我已在前面以更一般的方式提到过。

第 13 章　代码及其在控制机器功能中的作用

现在，我们转向记忆之外其他方面的问题。我这里指的是组织逻辑指令的某些原则，这些原则在任何复杂的自动机的运作中都是相当重要的。

首先，让我引入一个在当前讨论中需要用到的术语，这就是自动机可以执行的逻辑指令系统，称为*代码*。它使自动机执行某种有组织的任务。所谓逻辑指令，我指的是像在适当的轴突上出现的神经脉冲这样的东西，事实上，任何使得数字逻辑系统（如神经系统）可以重复、有目的地工作的事物都可以成为指令。

13.1　完整代码概念

当我们谈论代码时，下述区别就立即变得突出了。一个代码可能是*完整的*。用神经脉冲的术语来说就是，我们可以规定这些脉冲出现的顺序和给出脉冲的轴突的顺序。当然，这将完全定义神经系统的特定行为，或者在上面的比较中，定义相应的人工自动机。在计算机中，这些完整的代码是一组指令，它给出所有必要的规范。

从这个意义上说，如果机器要通过计算来解决一个具体问题，就必须由一组完整的代码来控制它。现代计算机的使用是基于用户就该机器要解决的给定问题而开发和制定出必要的完整代码的能力。

13.2 短代码概念

相对于完整代码，还存在另一类代码，我们通常称其为短代码。它是基于以下思想。

英国逻辑学家图灵（A.M. Turing）在 1937 年证明，有可能为计算机开发出一套代码指令系统，使其表现得像另一种特定的计算机（从那时起，各种计算机专家便以各种具体方式将其付诸实践）。这种使一台机器模仿另一台机器的行为的指令系统称为短代码。让我稍加详细地介绍一下使用和开发这种短代码的典型问题。

正如我在前面指出的，计算机是由代码控制的，这种代码通常由位串构成的符号序列（通常是二进制符号）组成的。在任何一组控制具体计算机运用的指令中，都必须明确哪些位串是指令，以及它们要让计算机去做什么事。

对于两台不同的机器，这些有意义的位串不必相同，而且在任何情况下，它们各自导致相应机器运行的效果可能完全不同。因此，如果一台机器被装上另一台机器所特有的一组指令，那么对前一台机器来说，这些指令可能至少有部分是无意义的位串，即不一定全部属于有意义的位串（就第一台提到的机器而言），或者即使当前一台机器“服从”这些指令时，它们所执行的也不是用以解决问题的基本有组织计划的操作。而且一般来说，它们不会使前一台机器按有目的的方式来执行可预料的、有组织的任务，即给出具体想要解决的问题的解。

13.3　短代码的功能

根据图灵的模式，代码要能够让一台机器表现得像另一台特定机器一样（使前者模仿后者），那么它就必须做到以下几点。它必须包含（机器能理解并愿意服从的）指令（instructions，代码的进一步细分），它使机器去检查其得到的每一条指令（order），并确定后者的结构是否具有适合第二台机器的指令结构。此外，就第一台机器的指令系统而言，它还必须包含足够的指令，使机器能够采取第二台机器在相关指令下可能采取的行动。

图灵模式的重要结果是，通过这种方式，第一台机器可以模仿任何其他机器的行为。这种使第一台机器模仿其他机器的指令结构可能与真正所用的第一台机器的指令特性完全不同。因此，这里所指的指令结构实际上处理的是比作为第一台机器的指令性质更复杂的指令：第二台机器的这些指令的每一条都可能包含第一台机器要执行的多个运算。它可以包括复杂的迭代过程以及任何种类的多次动作。一般来说，第一台机器能在任何时间长度内，在任何复杂的、各种可能的指令系统的控制下做任何运算，就好像它只包含“基本”运算，即那些基本的、非复合的、原始指令。

顺便说一句，将这样一种二级代码称为短代码的原因是历史造成的。这些短代码是作为一种编码辅助手段而开发的，也就是说，它们源于人们希望能够为机器编制一套比其自身的自然指令系统所允许的更简短的码，并将其视为具有更方便、更完整指令系统的另一台机器。它允许进行更简单、更少偶然性和更直接的编码。

第 14 章　神经系统的逻辑结构

现在，我们的讨论最好转向另一些复杂问题。正如我之前指出的，这些问题与记忆问题，或我们上面考虑的完整代码和简短代码等问题都无关。但它们与任何复杂的自动机——特别是神经系统——的功能中的逻辑和算术等作用有关。

14.1　数值程序的重要性

这里要讨论的是这样一个非常重要的问题：任何为人类所用，特别是为控制复杂过程而建造的人工自动机，通常都具有纯粹的逻辑部分和算术部分，前者是算术过程不起作用的部分，后者是算术起重要作用的部分。这是因为，由于我们的思维习惯和表达思想的习惯，在不借助于公式和数字的情况下，很难表达任何真正复杂的情况。

因此，如果人类设计者必须制定一项任务，那么他就必须用数值相等或不相等的方式来定义该任务，然后交由控制这类问题——温度或特定压强的恒定性，或人体内的化学平衡性——的自动机去处理。

14.2　数值程序与逻辑的相互作用

另一方面，这项任务的某些部分可以在不考虑数值关系的情况下用纯粹的逻辑术语来公式化。因此，某些涉及生理反应或无反应的定性原则可以不借助数字来表述，我们只需定性地说明在什么情况下会发生某些事件，在什么情况下不希望发生这些事件。

14.3　期望高精度要求的原因

上述看法表明，当神经系统被视为一种自动机时，它必然有一个算术部分和一个逻辑部分，并且其中的算术需求和逻辑需求一样重要。这意味着在某种意义上我们是与一台计算机打交道，我们可以用熟悉的计算机理论中的概念来展开讨论。

有鉴于此，立刻就会有下面的问题需要考虑：当我们将神经系统看作一台计算机时，我们期望它的算术部分以什么样的精度运行？

这个问题之所以特别重要，其原因是：所有的计算机经验表明，如果计算机必须像神经系统那样处理复杂的算术任务，那么就必须提供相当高精度的设备。因为计算可能很长，而且在长时间的计算过程中，不仅会累积误差，而且先前计算产生的误差也会被后面的计算部分放大，因此，我们需要比问题本身的物理性质所需的更高的精度。

因此，人们会期望，神经系统不仅存在算术部分，而且当这个系统被视为计算机时，必须以相当高的精度运行。在我们熟悉的人工计算机器中，在复杂的条件下，精度需要达到 10 ~ 12 位小数并不算夸张。

这个结论很值得一试，正因为它看似完全不可信。

第15章　所用记号系统的性质：不是数字的，而是统计的

如前所述，我们对神经系统如何传输数字数据有了一定的了解。它们通常采用周期性或接近周期性的脉冲序列来传输。每次对受体的强烈刺激都会使受体在绝对不应性的极限被打破后很快做出反应。较弱的刺激也会使受体以周期性或接近周期性的方式做出反应，但频率要低一些，因为在每下一个反应成为可能之前，不仅要达到绝对不应性的极限，甚至要达到一定相对不应性的极限。因此，定量刺激的强度由周期性或接近周期性的脉冲序列提供，而频率始终是刺激强度的单调函数。这是一种频率调制的信号系统；强度被转换成频率。这一现象已在视神经的某些纤维中，以及传递与（重要）压力有关的信息的神经中被直接观察到。

值得注意的是，这里讨论的频率并不直接等于任何刺激强度，而是后者的单调函数。这允许我们引入各种尺度效应和精度表达式。这些表达式可以方便且有利地依赖于所涉的尺度。

还应指出，所讨论的频率通常在每秒50～200个脉冲之间。

显然，在这些条件下，要达到像上面提到的精度（10～12位小数！）是根本不可能的。神经系统是一台计算机，它以相当低的精

度完成极其复杂的工作：根据上面的说法，其精度可能只有 2～3 位小数。这一事实必须反复强调，因为没有一台已知的计算机能够在如此低的精度水平上可靠而有效地运行。

另一件事也应该注意。上述系统尽管精度低，但可靠性很高。事实很明显，如果在一个数字符号系统中丢失了一个脉冲，就可能导致意义的绝对扭曲，即可能出现胡言乱语。而另一方面，如果在上述类型的方案[①]中，别说一个脉冲丢失，就是多个脉冲丢失，或者不必要地、错误地插入一些脉冲，相关频率——即消息的含义——也不会受到太大的影响。

现在，一个必须明确回答的问题出现了：从这些明显有些矛盾的观察中，我们能得出神经系统所代表的计算机的算术和逻辑结构的基本推论吗？

15.1　算术运算造成的恶化，算术深度和逻辑深度的作用

对于任何从事长期计算过程中精度下降问题研究的人来说，答案是清楚的。正如前述，这种恶化是由于误差**累积**造成的。这种累积可能是叠加带来的，更主要的是由于前期计算产生的误差在后续运算中被**放大**所致，即由大量串行的算术运算所致，或换言之，起因于运算方案的**算术深度**很大。

当然，许多运算需要按顺序执行，这不只是算术运算结构的特

① 即神经系统。

点，也是逻辑运算结构的特点。因此，正确的说法是，所有这些精度恶化的现象也是由于我们正在处理的方案的逻辑深度很大所致。

15.2 算术精度或逻辑可靠性，备选方案

还应注意，如上所述，神经系统中所用的信息系统基本上具有统计特性。换句话说，重要的不是明确的记号和数字的精确位置，而是它们出现的统计特征，即周期性或近周期脉冲序列等的频率。

因此，神经系统似乎采用的是与我们在普通的算术和数学中所熟悉的记号系统截然不同的记号系统。它不是精确的记号系统。在记号系统里，每个记号的位置和存在与否对于确定消息的含义都具有决定性意义。而它是这样一种记号系统，在这个系统中，消息的意义是由消息的统计特性传递的。我们已经看到，这个系统是如何采取较低的算术精度但更高的逻辑可靠性的策略的：算术运算引起的恶化通过逻辑的改进而得到补偿。

15.3 可用消息系统的其他统计特性

在这种情况下，很明显需要再提出一个问题。如上所述，某些周期或近周期的脉冲序列的频率携带消息（message），即信息（information）。这些明显是信息的统计特征。是否还有任何其他统计特性可以作为信息的传输工具呢？

到目前为止，用于传输信息的消息的唯一特性就是其频率（以脉冲数每秒表示），据了解，这种消息是周期性或接近周期性的脉

冲序列。

显然，（统计性）消息的其他特征也是可以被利用的。事实上，这里所指的频率是单个脉冲串的特性，而每根相关的神经都是由大量的纤维组成，每根纤维都传输大量的脉冲串。因此，我们可以十分合理地认为，这类脉冲序列之间的某些（统计）关系也应该能够利用来传输信息。在这方面，人们自然会想到各种相关系数等参量。

第16章 人脑的语言而不是数学语言

对这个问题的进一步探求，使我们有必要考虑语言问题。正如前述，神经系统基于两种类型的通信：不涉及算术公式的通信和算术通信。前者属指令通信（逻辑形式），后者属数字通信（算术形式）。前者可以用适当的语言来描述，后者可以用数学来描述。

我们应认识到，语言在很大程度上只是一个历史偶然事件。传统上，人类的基本语言是以各种形式传给我们的，但它们的多样性证明，它们的存在不是绝对的和必然的。正如希腊语或梵语等语言的存在是历史事实，但绝不是逻辑上绝对必然的一样。我们有理由假定逻辑和数学也类似，其表达形式是历史和偶然性使然。它们可以有本质上的变体，也就是说，它们可以存在并非我们所习惯的其他形式。事实上，中枢神经系统及其信息传输系统的性质表明它们正是如此。我们现在已经积累了足够多的证据可以证明，无论中枢神经系统使用什么样的语言，它的逻辑和算术深度都不如我们通常所使用的语言。下面是一个很明显的例子：人眼视网膜对人眼感知到的视觉图像进行了相当大的重组。现在知道，这种重组只通过三个连续的突触（即三个连续的逻辑步骤）作用于视网膜，或者更精确地说，作用于视神经的入口。中枢神经系统作算术运算所使用的消息系统的统计特性及其低精度也表明，先前描述的精度退化不能在所涉及的信息系统中行进得太远。因此，这里必定存在着不同于我们通常在逻辑和数学中所使用的逻辑结构。正如前述，它们的逻辑和算术深度不如我们在其他类似情况下所习惯的那样低。因此，当我们将中枢神经系统中的逻辑和数学看作语言时，它们在结构上必然与我们的共同经验所指的语言有本质的不同。

还应当指出，这里所涉及的语言很可能与前述意义上的短代码相对应，而不是与完整代码相对应：当我们谈论它的数学时，我们可能正在谈论第二语言，一种由中枢神经系统真正使用的基本语言构成的语言。因此，从评估中枢神经系统真正使用的数学或逻辑语言的角度来看，我们的数学的外在形式并不是绝对相关的。然而，上述关于可靠性和逻辑和算术深度的评论证明，无论什么系统，它都不可能与我们有意识地、明确指认的数学有太大的不同。

译名对照表

并行　parallel
插入控制　plugged control
差速齿轮　differential gear
程序　procedure
冲动　impulse
串行　serial
刺激　stimulation
刺激标准　stimulation criteria
存储器（内存）　memory
代码　code
单调函数　monotone function
导电性　conductivity
读出反重合　sense anticoincidence
读出重合　sense coincidence
短代码　short codes
短路迭代　short-circuited iteration
二进制　binary
反馈　feedback
分析原理　hierarchy principle
积分器　integrator
计算机　computer
记号　marker/notation
记忆　memory
继电器　relay
寄存器　register
进位　carry
晶体二极管　crystal diode
晶体管　transistor
精度　precision
漏电流　leakage current
脉冲　pulse
模拟的　analog
模运算　modus orperandi
能耗　energy dissipation
疲劳　fatigue
频率调制　frequency-modulated
器件　organ
商数　quotient digit
神经系统　nervous system
神经元　neuron
渗透性　permeability
十进制　decimal
受体　receptor
树突　dendrites

数字的　digital
算术四则运算　four species of arithmetic
随机访问　random access
突触　synapse
完整代码　complete codes
微分分析器　differential analyzer
位　bit
西里曼　Silliman
细胞膜　membrane
消息　message
信息论　information theory
寻址　addressing
移位　shift
遗传机制　genetic mechanism
隐式关系　implicit relation
有源器件　active component
阈值　threshold
运算　operation
真空管　vacuum tube
正负号　sign
纸带控制　tape control
指令　order
轴突　axon
逐次逼近　successive approximation
自动机　automata

译后记

从事计算机科学的人都知道，我们今天所用的计算机都是依据约翰·冯·诺伊曼模型建造的。所谓冯·诺伊曼模型是指将控制计算机的指令程序与数据一道存储在计算机存储器内的模式。（此前的计算机器都是采用控制指令由外部对开关器件进行编程，内存仅存储输入输出和中间数据。）自从第一台基于冯·诺伊曼模型的计算机 EDVAC 于 1950 年在宾夕法尼亚大学诞生以来，计算机已经更新了五代，但它们都没有偏离过冯·诺伊曼模式，因此我们可以说，冯·诺伊曼是当之无愧的现代计算机的鼻祖。除此之外，冯·诺伊曼还开创了人工智能研究的先河。他于 1948 年在加州理工学院所做的演讲《自动机的通用和逻辑理论》（The General and Logical Theory of Automate）是当代基于生物神经系统的人工智能研究的第一篇文献。今天人工智能领域的所有核心概念（神经网络、深度学习等）均可追溯到冯·诺伊曼及其弟子那里。

本书是冯·诺伊曼为西里曼讲座而准备的未完成讲稿（具体请见本书冯·诺伊曼夫人所写的序言），是作者对他过去十几年在计算机领域所作研究的一个总结性的梳理。因此虽不完整，却是计算机和人工智能领域的一篇重要的原始文献。商务印书馆此前曾出版过该书的中译本（甘子玉译，2001 年版）。但限于当时的历史条件，译本在保留原书的完整性方面做得略有欠缺（略去了原书由冯·诺伊曼夫人所写的重要的序言），而且对原书和原作者的评论仍带有浓厚的批判性吸收（所谓“去其糟粕，取其精华”）的意味，对文本的翻译也略显粗糙（从行文上看，这应该还是上世纪60年代的译本）。因此，运用规范的用语对原书进行重译，并保留原书的完整性，很有必要。译者感谢出版社将这么重要的一篇文献的重译任务交给我。原文并不晦涩，也谈不上艰深，故译起来并不困难。但限于个人认知水平，难免有理解不到位之处，望读者不吝指正。

译者
2019年2月于北京

图书在版编目(CIP)数据

计算机与人脑/(美)约翰·冯·诺伊曼著;王文浩译.—北京:商务印书馆,2024
(汉译世界学术名著丛书:120年纪念版:珍藏本:增订本)
ISBN 978-7-100-23791-8

Ⅰ.①计… Ⅱ.①约…②王… Ⅲ.①电子计算机—基本知识②脑—基本知识 Ⅳ.①TP3②R338.2

中国国家版本馆CIP数据核字(2024)第078261号

汉译世界学术名著丛书
(120年纪念版·珍藏本·增订本)
计算机与人脑
〔美〕约翰·冯·诺伊曼 著
王文浩 译

商务印书馆出版
(北京王府井大街36号 邮政编码100710)
商务印书馆发行
北京通州皇家印刷厂印刷
ISBN 978-7-100-23791-8

2021年5月第1版 开本710×1000 1/16
2021年5月北京第1次印刷 印张6
定价:32.00元